卓越工程师培养计划·电工电子

电工与电子技术基础

（第2版）

左伟平　主　编

肖姑冬　副主编

U0299792

電子工業出版社

Publishing House of Electronics Industry

北京·BEIJING

内 容 简 介

本书主要介绍电工与电子技术中的基本概念和基本原理。全书共 10 章，主要内容包括直流电路、正弦交流电路、半导体器件、放大电路及集成放大器、直流稳压电源、数字电路基础知识、组合逻辑电路、时序逻辑电路、脉冲波形的产生与变换、D/A 转换与 A/D 转换。

本书根据职业学校的人才培养要求，以新时代电工与电子技术的基础知识和基本技能为主线，本着"实用、够用"的原则，着重培养学生实际应用能力。本书各章均配有适量的习题，以培养和提高学生的实践动手能力和综合素质。

本书内容编排灵活，可以根据不同的专业选择教学内容，因此本书适用面较广，既可作为职业学校电子电工、机电一体化、数控加工、汽车维修等相关专业的教学用书，也可作为相关专业的工程技术人员的培训教材和参考用书。

图书在版编目（CIP）数据

电工与电子技术基础/左伟平主编 . —2 版 . —北京：电子工业出版社，2022.7
（卓越工程师培养计划）
ISBN 978-7-121-43692-5

Ⅰ. ①电… Ⅱ. ①左… Ⅲ. ①电工技术 ②电子技术 Ⅳ. ①TM ②TN

中国版本图书馆 CIP 数据核字（2022）第 095471 号

责任编辑：张 剑（zhang@ phei. com. cn）
印 刷：涿州市般润文化传播有限公司
装 订：涿州市般润文化传播有限公司
出版发行：电子工业出版社
　　　　　北京市海淀区万寿路 173 信箱 邮编 100036
开 本：787×1092 1/16 印张：11 字数：282 千字
版 次：2016 年 12 月第 1 版
　　　　　2022 年 7 月第 2 版
印 次：2023 年 9 月第 3 次印刷
定 价：59. 00 元

凡所购买电子工业出版社图书有缺损问题，请向购买书店调换。若书店售缺，请与本社发行部联系，联系及邮购电话：(010)88254888，88258888。

质量投诉请发邮件至 zlts@ phei. com. cn，盗版侵权举报请发邮件至 dbqq@ phei. com. cn。

本书咨询服务方式：zhang@ phei. com. cn。

前　　言

本书是在我国新时代职业教育教学改革和实践的基础上编写而成的。在内容取舍上，本书以电工与电子技术的基础知识和基本技能为主线，本着"实用、够用"的原则，以培养学生实际应用能力为目的，在保障科学性的前提下选择课程内容，突出重点，概念清晰，实用性强。本书可作为职业学校电子电工、机电一体化、数控加工、汽车维修等相关专业的教材。

在内容安排上，本书以培养学生的工作能力为目的，充分将基础知识的讲解和思考练习题有机结合，使能力培养贯穿于整个教学过程。本书内容编排比较灵活，可以根据不同的专业和不同的需求来选择教学内容，适用面较广。全书共 10 章，分三大部分：第一部分是电工技术基础部分，包括第 1 章直流电路、第 2 章正弦交流电路；第二部分是模拟电子技术基础，包括第 3 章半导体器件、第 4 章放大电路及集成放大器、第 5 章直流稳压电源；第三部分是数字电子技术基础，包括第 6 章数字电路基础知识、第 7 章组合逻辑电路、第 8 章时序逻辑电路、第 9 章脉冲波形的产生与变换、第 10 章 D/A 转换与 A/D 转换。本书各章末尾均配有适量的习题。

在编写本书的过程中，编者遵循循序渐进的原则，力求突出新知识、新技术、新工艺和新方法，着重培养学生的创新意识和实际动手操作的能力。本书的特点是：理论联系实际，概念清晰，逻辑性强；用物理现象说明原理，减少了复杂的数学公式推导和计算；文字通俗易懂，便于教学和自学。

本书由赣州职业技术学院左伟平任主编，江西赣州技师学院肖姑冬任副主编。其中，第 1 章至第 3 章由肖姑冬编写，第 4 章至第 10 章由左伟平编写，全书由左伟平统稿。

由于编者水平有限，书中难免存在不足之处，敬请广大读者批评指正。

编　者

目　　录

第1章 直流电路

1.1 电路及其基本物理量

1.1.1 电路及电路图

1. 电路

在日常生活中，将灯泡、开关、电源和导线连接起来，就组成了一个简单的照明电路，如图1-1所示。这种把各种电气设备和元件按一定方式连接起来构成的电流通路称为电路。简单来说，电路就是电流通过的路径。

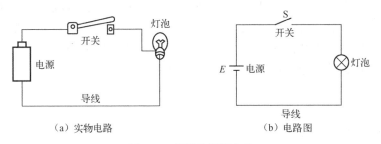

图1-1　简单的照明电路

电路通常由电源、负载、开关和导线等基本部分组成。

【电源】把其他形式的能量转变成电能的装置。例如：发电机、干电池等都是电源，发电机把机械能转换成电能，干电池把化学能转换成电能。

【负载】把电能转变成其他形式能量的装置。例如：电灯、电动机等都是负载，电灯将电能转变成光能，电动机把电能转变成机械能。

【导线和开关】用于连接电源和负载的元件。开关是控制电路接通和断开的装置。

2. 电路图

为了便于分析、研究电路，通常将电路的实际元件用图形符号表示，绘出其电路模型图，如图1-1（b）所示。这种用统一规定的图形符号绘出的电路模型图称为电路图。

常用电路元器件符号见表1-1。

表 1-1　常用电路元器件符号

元器件名称	电 路 符 号	元器件名称	电 路 符 号	元器件名称	电 路 符 号
电池	—┤├—	电感	—◠◠◠—	电压表	—Ⓥ—
电压源	—(+○-)—	电容	—┤├—	电流表	—Ⓐ—
电阻	—▭—	电灯	—⊗—	开关	—⁄—
二极管	—▷|—	熔断器	—▭—	接地	⏚

1.1.2　电路的三种工作状态

1. 通路

通路是指能构成电流流通、形成闭合回路的电路（也就是电流能从电源正极流出，经过负载，再流入电源负极）。电路中开关闭合时的工作状态称为通路状态，如图 1-2（a）所示。注意，处于通路状态的各种电气设备的电压、电流、功率等不能超过其额定值。

2. 断路

断路，又称开路。在电路中某一处因中断，没有导体连接，电流无法通过，导致电路中电流消失，这种工作状态称为断路状态，如图 1-2（b）所示。此状态一般对电路无损害。电路中开关断开时的工作状态即为开路状态。在生活、生产实践中，设备之间、设备与导线之间因接触不良或连接点松动也容易使电路造成断路。

3. 短路

电源未经过任何负载而直接由导线连接成闭合回路，如图 1-2（c）中 a、b 两点直接连在一起，这种工作状态称为短路状态。短路时的工作电流比正常工作时大得多，易造成电路损坏、电源瞬间损坏，如温度过高会烧坏导线、电源等。所以，应严防电路发生短路现象。

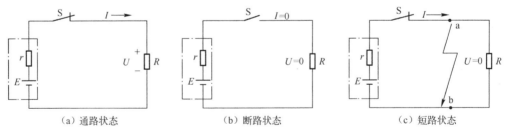

（a）通路状态　　　　　　　（b）断路状态　　　　　　　（c）短路状态

图 1-2　电路的三种工作状态

1.1.3　电流

1. 电流的形成

金属导体中存在着大量的电子。金属原子的内层电子被原子核紧紧地束缚着；而其外层电子受原子核的束缚力较弱，容易摆脱原子核的束缚。这些自由运动的电子称为自由电子。当金属中的自由电子定向移动时就会形成电流。

一般情况下，导体内的自由电子处于不规则的运动状态。如果在导体两端施加一个电场，则导体内的自由电子受到电场力的作用作定向运动就形成了电流。

在某些液体或气体中，电流则是由正离子或负离子在电场力作用下作定向移动形成的。

2. 电流的大小和方向

电流的大小取决于在一定时间内通过导体截面的电荷量。通常用电流强度表示电流的大小；电流强度简称电流，用符号 I 表示。假设在时间 t 内通过导体截面的电荷量为 Q，则电流为

$$I = \frac{Q}{t}$$

在国际单位制中，电流的基本单位是安培（A），简称安。如果每秒内通过导体截面的电量为 1 库仑（即 1C）时，则电流是 1A。常用电流单位还有千安（kA）、毫安（mA）、微安（μA）等，其关系如下：

$$1\text{kA} = 10^3\text{A} \qquad 1\text{mA} = 10^{-3}\text{A} \qquad 1\mu\text{A} = 10^{-6}\text{A}$$

在不同的导电物质中，形成电流的运动电荷可以是正电荷，也可以是负电荷，或二者都有，规定以正电荷定向移动的方向为电流方向。

电流分为直流电和交流电两种：方向不随时间而改变的电流称为直流电；大小和方向作周期性变化的电流称为交流电。图 1-3 所示为电流的波形图。

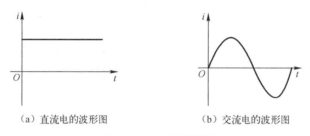

（a）直流电的波形图　　　　　　（b）交流电的波形图

图 1-3　电流的波形图

3. 电流密度

根据工作电流的大小，安全、实用地选择导线的截面积（粗细），是实际工作中经常遇到的问题。若导线截面积过大，会造成浪费；若导线截面积过小，会形成安全隐患。应该怎样合理选择呢？

首先，我们要了解电流密度这个概念。电流密度一般用 J 表示，是指电流在导体截面上均匀分布时，该电流 I 与导体截面积 S 的比值，即

$$J = I/S$$

一般我们通过查询资料会了解到各导电物体的电流密度参数，这样也就能非常方便计算出电路所用导线的横截面积。

【例 1-1】 某照明线路的工作电流为 24A，应采用多大截面积的铜导线？已知铜导线的电流密度为 6A/mm²。

解： 由 $J = I/S$ 可知，$S = I/J = 24/6 = 4(\text{mm}^2)$

【知识拓展】

导线允许通过的电流因导线截面积不同而不同。一般情况下，截面积为 1mm² 的铜导线允许通过 6A 的电流；截面积为 2.5mm² 的铜导线允许通过 15A 的电流；截面积为 4mm² 的铜导线允许通过 24A 的电流。当导线中通过的电流超过其允许值时，导线就会发热，严重时还会造成重大的事故，因此在选用导线时，必须依据用电设备的功率计算出电路中的电流大小，以此来确定合适的导线截面积。

1.1.4 电压、电位和电动势

1. 电压

电荷之所以能在电路中定向移动，是由于电场力作用的缘故。如图 1-4 所示，电场力把正电荷从导体的 A 端移到导体 B 端，电场力对正电荷做功，正电荷所具有的电势能减小，从而把电能转换成其他形式的能。

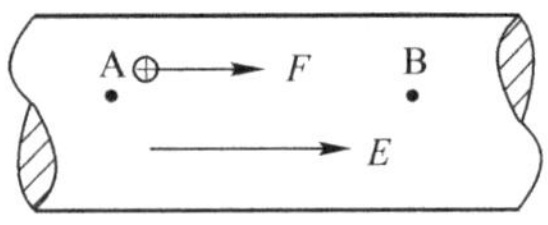

电场力 F 把正电荷从 A 端移到 B 端所做的功 W_{AB} 与被移动的电荷量 Q 的比值称为 A、B 两端间的电压，用 U_{AB} 表示：

图 1-4 电压的定义

$$U_{AB} = \frac{W_{AB}}{Q}$$

由上式可知，A、B 两端间的电压在数值上等于电场力把单位正电荷从 A 端移到 B 端所做的功。

在国际单位制中，电压的单位是伏特（V），简称伏。常用电压单位还有千伏（kV）、毫伏（mV）和微伏（μV）等，它们之间的关系是

$$1\text{kV} = 10^3\text{V} \qquad 1\text{mV} = 10^{-3}\text{V} \qquad 1\mu\text{V} = 10^{-6}\text{V}$$

电压既有大小也有方向，电压的实际方向为正电荷的运动方向，即电压的方向是由电源的正极到负极。在电路分析中，经常要选定一个方向作为电压的参考方向，在参考方向下，若电压为正，说明电压的实际方向与参考方向相同；若电压为负，说明电压的实际方向与参考方向相反。

2. 电位

在分析电路时，经常会用到电位这个物理量，用以分析各点之间的电压。如图 1-5 所示，在电路中任选一点（如 O 点）作为参考点，参考点的电位为零，则某点（如 A 点）到参考点电压就称为该点的电位，用符号 U_A 表示，即 $U_A = U_{AO}$。如果 A、B 两点的电位分别为 U_A、U_B，则 $U_{AB} = U_A - U_B$。因此，两点间的电压就是这两点的电位之差。因为电压的实际方向是由高电位点指向低电位点的，所以电压又称电压降。

3. 电动势

如图 1-6 所示，在电场力的作用下，极板 a 上的正电荷沿着导线通过灯泡到达极板 b，与极板 b 上的负电荷中和，正、负两极上的电荷都将逐渐减少，两极之间的电压将逐渐降低；当正、负电荷完全中和时，两极板之间的电压为零，电流中断。

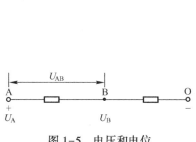

图 1-5　电压和电位　　　　图 1-6　电源的电动势

为了得到持续不断的电流，极板间必须有一种能将正电荷从负极源源不断地移到正极的非电场力。这个任务是由电源来完成的。在电源内部，由于其他形式能量的作用，产生一种对电荷的作用力，称之为电源力。正电荷在电源力（$F_{非}$）的作用下，从低电位移向高电位，从而保持极板 a 上的正电荷和极板 b 上的负电荷恒定不变，使电源两端保持恒定的电位差。在不同的电源中，电源力的来源不同，例如：电池中的电源力是化学作用产生的，发电机的电源力则是电磁作用产生的。

电源力在移动正电荷的过程中做功，将其他形式的能量转化为电能。为了衡量电源力做功的能力，我们引入电动势这个物理量。在电源内部，电源力将单位正电荷从电源负极移至正极所做的功称为电源的电动势，用符号 E 表示，即

$$E = \frac{W_{ba}}{Q}$$

电动势的单位是伏特（V），简称伏。电动势的方向由电源负极指向正极。

1.1.5　电阻和电阻定律

1. 电阻

当电流通过金属导体时，作定向移动的自由电子会与金属中的带电粒子发生碰撞，因此导体对电流有阻碍作用。电阻就是反映导体对电流阻碍作用大小的物理量，用符号 R 表示，其单位是欧姆（Ω），简称欧。常用的电阻单位还有千欧（kΩ）和兆欧（MΩ）等，它们之间的关系为

$$1k\Omega = 10^3\Omega \qquad\qquad 1M\Omega = 10^6\Omega$$

2. 电阻定律

导体存在着电阻，那么导体电阻与哪些因素有关呢？实验证明，导体的电阻与导体的长度成正比，与导体的截面积成反比，还与导体的材料有关。导体电阻的计算公式为

$$R = \rho \frac{l}{S}$$

式中，l 为导体长度，S 为导体截面积，ρ 为导体的电阻率。表 1-2 列出了常见材料在 20℃ 温度条件下的电阻率。

表 1-2　常见材料在 20℃ 温度条件下的电阻率

材　　料		电阻率/(Ω·m)	主　要　用　途
纯金属	银	1.6×10^{-8}	导线镀银
	铜	1.6×10^{-8}	各种导线
	铝	1.6×10^{-8}	各种导线
	钨	5.3×10^{-8}	电灯灯丝、电器触点
	铁	1.0×10^{-7}	电工材料
合金	锰铜（85%铜、12%锰、3%镍）	4.4×10^{-7}	标准电阻、滑线电阻
	康铜（54%铜、46%镍）	5.0×10^{-7}	标准电阻、滑线电阻
	铝铬铁电阻丝	1.2×10^{-6}	电炉丝
半导体	硒、锗、硅等	$10^{-4} \sim 10^{7}$	制造各种晶体管、晶闸管
绝缘体	赛璐珞	10^{8}	电器绝缘
	电木、塑料	$10^{10} \sim 10^{14}$	电器外壳、绝缘支架
	橡胶	$10^{13} \sim 10^{16}$	绝缘手套、绝缘鞋、绝缘垫

电工材料的导电性能可分为导体、绝缘和半导体三类。具有良好导电性能的材料称为导体；导电性能很差的材料称为绝缘体；导电性能介于导体和绝缘体之间的材料称为半导体。

3. 常用电阻器

电阻器是常用元件之一，用途广泛，规格和种类繁多。通常，电阻器可分为固定电阻器、微调电阻器和电位器，如图 1-7 所示。

（a）固定电阻器　　　　　（b）微调电阻器　　　　　（c）电位器

图 1-7　常用电阻器的实物图

【知识加油站】

对于小功率固定电阻器，常用色环标注法表示其种类、电阻值及精度。一般用底色表示电阻器的种类，例如：浅色（淡绿色、淡蓝色、浅棕色）表示碳膜电阻器，红色表示金属或金属氧化膜电阻器，深绿色表示线绕电阻器。一般用色环表示电阻器的电阻值及允许偏差，如图 1-8 所示。

普通电阻器大多用 4 个色环表示其电阻值和允许偏差，其中：第 1 环和第 2 环表示有效数字，第 3 环表示乘数，与前 3 环距离较远的第 4 环表示允许偏差。精密电阻器多采用 5 个色环表示其电阻值和允许偏差，其中：第 1 环、第 2 环和第 3 环表示有效数字，第 4 环表示乘数，与前 4 环距离较远的第 5 环表示允许偏差。色环颜色与其含义对照表见表 1-3。

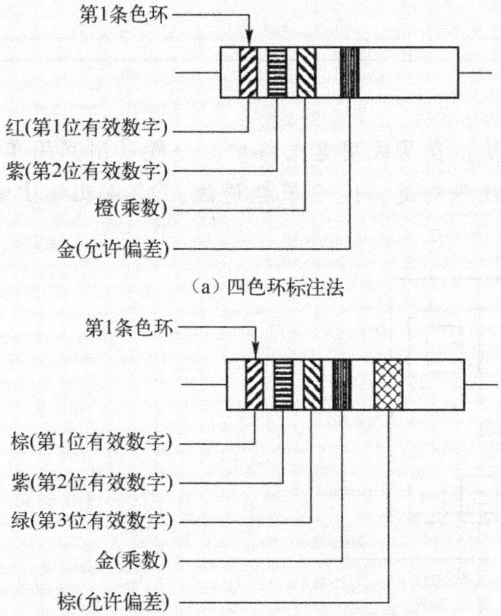

表 1-3 色环颜色与其含义对照表

色别	有效数字	乘数	允许偏差
黑	0	1	—
棕	1	10	±1%
红	2	10^2	±2%
橙	3	10^3	±0.05%
黄	4	10^4	—
绿	5	10^5	±0.5%
蓝	6	10^6	±0.25%
紫	7	10^7	±0.1%
灰	8	10^8	—
白	9	10^9	—
金	—	10^{-1}	±5%
银	—	10^{-2}	±10%
无色	—	—	±20%

第 1 条色环
红(第 1 位有效数字)
紫(第 2 位有效数字)
橙(乘数)
金(允许偏差)

（a）四色环标注法

第 1 条色环
棕(第 1 位有效数字)
紫(第 2 位有效数字)
绿(第 3 位有效数字)
金(乘数)
棕(允许偏差)

（b）五色环标注法

图 1-8 固定电阻器的色环标注法图例

例如：图 1-8（a）所示普通电阻器的电阻值为 27kΩ，允许偏差为 ±5%；图 1-8（b）所示精密电阻器的电阻值为 17.5Ω，允许偏差为 ±1%。

1.1.6 电功和电功率

1. 电功

当电流流过负载时，负载将电能转换成其他形式的能量，称为电流做功，简称电功，用字母 W 表示：

$$W = UIt$$

在国际单位制中，功的单位为焦耳（J），简称焦。

2. 电功率

电流在单位时间内所做的功，称为电功率，简称功率，用字母 P 表示：

$$P = \frac{W}{t} = UI$$

在国际单位制中，功率的单位为瓦特（W），简称瓦。常用的电功率单位还有千瓦（kW）、毫瓦（mW）等。

【想一想】

$$1 度电 = 1 千瓦时(kW \cdot h) = 3.6 \times 10^6 焦(J)$$

已知家庭日光灯的功率是 40W，电视机的功率是 100W。在 1 小时内它们谁消耗的电能多？

【知识拓展】

用电器所消耗的电能可以用电能表来测量。在居民用电电路中，一般采用家用单相电能表来计量用电量。家用单相电能表的接线原则是，1、3 孔接进线，2、4 孔接出线，如图 1-9 所示。

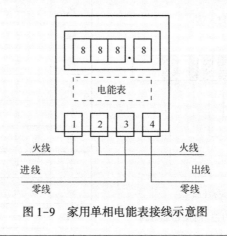

图 1-9　家用单相电能表接线示意图

1.2　电路的基本定律

1.2.1　欧姆定律

1. 部分电路欧姆定律

在图 1-10 中，当在电阻器两端加上电压时，电阻器中就有电流通过。实验证明：流过电阻器的电流 I 与电阻器两端的电压成正比，与电阻成反比，此结论称为部分电路欧姆定律，即

$$I = U/R$$

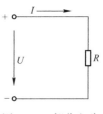

图 1-10　部分电路

【例 1-2】 一个标有 "220V 550W" 的电水壶，在额定电压下，电水壶正常工作时通过它的电流是 2.5A，求其电阻。

解：$R = U/I = 220/2.5 = 88(\Omega)$

【例1-3】 已知一个电阻器的电阻值为500Ω，流过该电阻器的电流为50mA，试求该电阻器两端的电压。

解： 由欧姆定律可得，

$$U=IR=50\times10^{-3}\times500=25(\text{V})$$

所以该电阻器两端的电压为25V。

【想一想】

有的人会说，当电路断路时，$I=0\text{A}$，由于$U=IR$，所以电源电压$U=0\text{V}$，这个结论是否正确？为什么？

2. 全电路欧姆定律

全电路是指含有电源的闭合回路，如图1-11所示。图中的虚线框内表示的是一个电源。实际电源一般都有内电阻（用r表示）。当开关S闭合时，电阻R上产生电压U；同样，在r上也产生电压U_0，即$U_0=Ir$。经分析可知，电阻R的电压即端电压U应该等于电源电动势减去自己产生的内压降U_0，即$U=E-U_0$。由此可得：

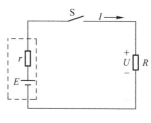

图1-11 全电路

$$I=E/(R+r)$$

因此可知，在一个闭合回路中，回路电流I与电源电动势E成正比，与回路中的外电阻R和电源内电阻r之和成反比，这就是全电路欧姆定律。

【例1-4】 在图1-11中，$E=6\text{V}$，$r=0.5\Omega$，$R=9.5\Omega$，求端电压U和内压降U_0。

解： $I=E/(R+r)=6/(9.5+0.5)=0.6(\text{A})$

$U=IR=0.6\times9.5=5.7(\text{V})$

$U_0=Ir=0.6\times0.5=0.3(\text{V})$ 或 $U_0=E-U=6-5.7=0.3(\text{V})$

【例1-5】 在图1-11中，电源电动势开路电压为6V，$R=9.5\Omega$，其端电压$U=5.7\text{V}$，求电源的内电阻r。

解： 电源电动势开路电压即电源电动势的电压E，即$E=6\text{V}$。

$$U_0=E-U=6-5.7=0.3(\text{V})$$

$$I=U/R=5.7/9.5=0.6(\text{A})$$

$$r=U_0/I=0.3/0.6=0.5(\Omega)$$

或者

$$R+r=E/I=6/0.6=10(\Omega)$$

$$r=10-R=10-9.5=0.5(\Omega)$$

1.2.2　电阻的串联与并联

1. 电阻的串联及分压

把两个或两个以上电阻首尾相连，组成一条无分支电路，这样的连接方式称为电阻串联，如图 1-12 所示。

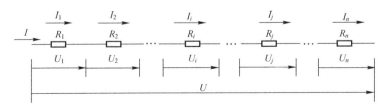

图 1-12　电阻串联电路

电阻串联电路有以下性质。

（1）在电阻串联电路中，流过每个电阻的电流相等，即

$$I=I_1=I_2=\cdots=I_i=\cdots=I_j\cdots=I_n$$

（2）电阻串联电路两端的总电压等于各电阻两端的分电压之和，即

$$U=U_1+U_2+\cdots+U_i+\cdots+U_j+\cdots+U_n$$

（3）电阻串联电路的等效电阻（总电阻）等于各串联电阻之和，即

$$R=R_1+R_2+\cdots+R_i+\cdots+R_j+\cdots+R_n$$

根据欧姆定律及电阻串联电路性质（1）可得：

$$\frac{U_i}{U_j}=\frac{R_i}{R_j}\qquad\frac{U_i}{U}=\frac{R_i}{R}$$

上式表明，在电阻串联电路中，各电阻上分配的电压与其电阻值成正比。

电阻串联电路的分压公式：

$$U_i=\frac{R_i}{R}U$$

2. 电阻的并联及分流

两个或两个以上的电阻接在电路中相同的两点之间，承受同一电压，这样的连接方式称为电阻的并联，如图 1-13 所示。

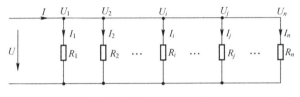

图 1-13　电阻并联电路

电阻并联电路具有以下性质。

（1）电阻并联电路中各电阻两端的电压相等，且等于电路两端的总电压，即

$$U = U_1 = U_2 = \cdots = U_i = \cdots = U_j = \cdots = U_n$$

（2）电阻并联电路的总电流等于流过各电阻的电流之和，即

$$I = I_1 + I_2 + \cdots + I_i + \cdots + I_j + \cdots + I_n$$

（3）电阻并联电路的等效电阻（总电阻）的倒数等于各电阻的倒数之和，即

$$\frac{1}{R} = \frac{1}{R_1} + \frac{1}{R_2} + \cdots + \frac{1}{R_i} + \cdots + \frac{1}{R_j} + \cdots + \frac{1}{R_n}$$

由欧姆定律和电阻并联电路性质（1）可得：

$$\frac{I_i}{I_j} = \frac{R_j}{R_i} \qquad \frac{I_i}{I} = \frac{R}{R_i}$$

上式表明，在电阻并联电路中，通过各支路的电流与其电阻值成反比。

电阻并联电路的分流公式：

$$I_i = \frac{R}{R_i} I$$

1.2.3 基尔霍夫定律

无法用串、并联关系进行简化的电路称为复杂电路。复杂电路不能直接用欧姆定律求解，但可用基尔霍夫定律来分析。

1. 有关的电路名词

【支路】由一个或多个二端元件首尾相连构成的无分支的电路称为支路。如图 1-14 所示，AaB、AbB、AdcB 都是支路，但 Ad 不是支路。

【节点】三条或三条以上支路的连接点称为节点。如图 1-14 所示，A 点和 B 点是节点。

【回路】电路中任一闭合路径称为回路。如图 1-14 所示，AaBbA、AdcBaA、AdcBbA 是回路。

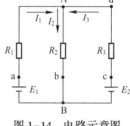

图 1-14 电路示意图

【网孔】在回路内部不含有支路的，这种回路称为网孔。如图 1-14 所示，AaBbA、AdcBbA 是网孔，但 AdcBaA 不是网孔。

2. 基尔霍夫电流定律

【基尔霍夫电流定律（简称 KCL）】
在任一时刻，流入一个节点的电流之和等于从该节点流出的电流之和，即
$$\sum I_i = \sum I_o$$

【例 1-6】 对图 1-14 所示电路，列出节点的电流方程。
解： 先选定各支路的参考方向，如图 1-14 所示。
对于节点 A，根据 KCL 可得：
$$I_1 + I_3 = I_2$$

3. 基尔霍夫电压定律

> **【基尔霍夫电压定律（简称 KVL）】**
> 对于电路中的任一回路，沿回路绕行方向的各段电压的代数和等于零，即
> $$\sum U = 0$$

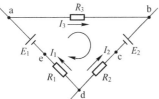

图 1-15 复杂电路中的
一个回路示意图

如图 1-15 所示，回路 abcdea 是复杂电路中的一个回路（其他回路没有画出来）。各支路电流的参考方向如图 1-15 所示，选定绕行方向为 a→b→c→d→e→a。各部分电压为

$$U_{ab} = I_3 R_3$$
$$U_{bc} = E_2$$
$$U_{cd} = -I_2 R_2$$
$$U_{de} = I_1 R_1$$
$$U_{ea} = -E_1$$

则 $\sum U = U_{ab} + U_{bc} + U_{cd} + U_{de} + U_{ea} = I_3 R_3 + E_2 - I_2 R_2 + I_1 R_1 - E_1 = 0$

应用公式 $\sum U = 0$ 列回路电压方程时，首先选定一个回路绕行方向，若电阻上的电流方向与绕行方向一致，则该电压取正，反之取负；若电源电压的方向与绕行方向一致，则该电源电压取正，反之取负。

> **【例 1-7】** 图 1-16 所示为某电路中的一个回路，试列出其回路电压方程。
>
>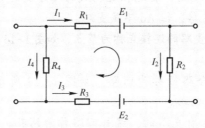
>
> 图 1-16 例 1-7 图
>
> **解**：标出各支路电流的参考方向和绕行方向，如图 1-16 所示，则回路电压方程为
> $$I_1 R_1 + E_1 + I_2 R_2 - E_2 - I_3 R_3 - I_4 R_4 = 0$$

1.3 直流电路的分析与计算

1.3.1 支路电流法

支路电流法就是以各支路电流为未知量，应用基尔霍夫定律列出方程式，联立求解支路电流。图 1-17 所示为一台直流发电机（E_1）和一个蓄电池（E_2）并联供电的电路。

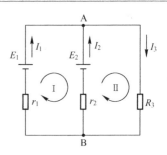

图 1-17 支路电流法示例

已知两个电源的电动势分别为 E_1、E_2，内电阻分别为 r_1、r_2，负载电阻为 R_3，求各支路电流。

这个电路有 3 条支路，即有 3 个未知电流，要解出 3 个未知量，需要 3 个独立方程式联立求解。利用基尔霍夫定律可列出所需要的方程组。

首先假设各支路电流方向与回路绕行方向如图 1-17 所示。对于节点 A，根据 KCL 可得：

$$I_1+I_2=I_3$$

如果电路有 n 个节点，根据 KCL 可列出 $n-1$ 个独立节点电流方程式。

根据 KVL，列出网孔的电压方程：

$$\text{对于网孔 I} \qquad I_1r_1-E_1+E_2-I_2r_2=0$$
$$\text{对于网孔 II} \qquad I_2r_2-E_2+I_3R_3=0$$

只要解出上述 3 个联立方程，就可求得 3 条支路的支路电流。

【例 1-8】 在图 1-17 中，已知：$E_1=7\text{V}$，$r_1=0.2\Omega$；$E_2=6.2\text{V}$，$r_2=0.2\Omega$；$R_3=3.2\Omega$。求各支路电流和负载的端电压。

解：根据图 1-17 中标出的各电流方向，利用基尔霍夫定律列出如下方程：

$$\begin{cases} I_1+I_2=I_3 \\ I_1r_1-I_2r_2=E_1-E_2 \\ I_2r_2+I_3R_3=E_2 \end{cases}$$

代入数据得：

$$\begin{cases} I_1+I_2=I_3 \\ 0.2I_1-0.2I_2=7-6.2 \\ 0.2I_2+3.2I_3=6.2 \end{cases}$$

解方程得：

$$\begin{cases} I_1=3(\text{A}) \\ I_2=-1(\text{A}) \\ I_3=2(\text{A}) \end{cases}$$

电流 I_2 为负值，说明 I_2 的实际方向与参考方向相反，而实际方向应从 A 到 B，这时蓄电池处于负载状态。

负载两端电压 $U_3=I_3R_3=2\times3.2=6.4(\text{V})$

1.3.2 电路中各点电位的计算

1. 电位的计算

电位计算的基本步骤如下所述。

（1）选定零电位点：零电位点即参考点，可以任意指定，但要以计算方便为原则。

（2）选择路径：要计算某点的电位，应选择该点到零电位的路径，该点的电位就是此路径上全部电压与电动势的代数和。路径可以任意选择，通过每一条路径所求出的同一点电位是一样的。选择路径的原则也要从计算方便出发。

（3）分析电路：电阻上的电压正负根据电阻上电流方向来确定，电流流进的一端为正极，流出的一端为负极。电动势的正负是直接标出的，一般容易判定。

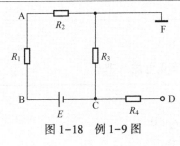

图 1-18　例 1-9 图

【例 1-9】 在图 1-18 中，已知 $U_{AF}=60V$，$U_B=80V$，$U_{FC}=10V$，求 C、D 点的电位和 U_{BA}。

解：F 点为参考点，即零电位（$U_F=0V$）。

由 $U_{FC}=U_F-U_C$ 可知，C 点的电位 $U_C=U_F-U_{FC}=0-10=-10V$；从电路可知，C、D 两点之间的电阻 R_4 无电流流过，所以 C、D 间的电位不升也不降，因此 D 点的电位与 C 点一样，即 $U_D=-10V$。

由 $U_{AF}=U_A-U_F$ 可知，A 点的电位 $U_A=U_{AF}+U_F=60+0=60(V)$。

因此，$U_{BA}=U_B-U_A=80-60=20(V)$。

2. 电路中两点间电压的计算

计算电路中任意两点间电压的方法有两种：一种是利用电位求电压，即分别求出两点的电位，然后根据电压等于电位之差的关系，求出电压；另一种方法是分段法，即将两点之间的电压分为若干小段，各小段电压的代数和即为所求电压。

【例 1-10】 在图 1-19 中，已知 $E_1=8V$，$E_2=16V$，$E_3=12V$，$R_2=10\Omega$，求 A、B 两点间电压。

解：（1）利用电位求电压法。

设 D 为参考点，则 $U_A=-E_1=-8(V)$
$$U_B=-E_2-E_3=-16-12=-28(V)$$
则 $U_{AB}=U_A-U_B=-8-(-28)=20(V)$

（2）分段法。
$$U_{AB}=-E_1+E_2+E_3=-8+16+12=20(V)$$

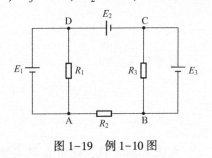

图 1-19　例 1-10 图

注意：电动势由正极指向负极的方向与 A 经 E_1、E_2、E_3 绕行到 B 方向一致时取正。

通过计算可知，两种方法的计算结果是相同的。

1.3.3　电压源、电流源及其等效变换

掌握电压源和电流源的概念，以及它们之间的等效变换方法，能使某些复杂电路的分析计算大为简化。

1. 电压源

用一个恒定电动势 E 与内电阻 r 串联表示的电源称为电压源。电压源的符号如图 1-20（a）和（b）所示。

如图 1-20（c）所示，当电压源向负载 R 输出电压时，电压源的端电压 U 与其输出电流 I 之间的关系为

$$U = E - Ir$$

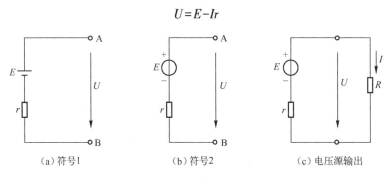

| （a）符号1 | （b）符号2 | （c）电压源输出 |

图 1-20　电压源符号及其输出

在上式中，如果 $r=0$，那么不论负载变动时输出电流 I 如何变化，电压源始终输出恒定电压 E。内电阻 $r=0$ 的电压源称为理想电压源，其符号如图 1-21 所示。

2. 电流源

用一个恒定电流 I_S 与内电阻 r 并联表示的电源称为电流源。电流源的符号如图 1-22（a）所示。

如图 1-22（b）所示，当电流源向负载 R 输出电流时，电流源的端电压 U 与其输出电流 I 之间的关系为

$$I = I_S - \frac{U}{r}$$

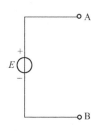

图 1-21　理想电压源符号

如果电流源内电阻 r 为无穷大，则不论由负载变化引起的端电压如何变化，它所输出的电流恒定不变，其值为 I_S。内电阻 r 为无穷大的电流源称为理想电流源，其符号如图 1-22（c）所示。

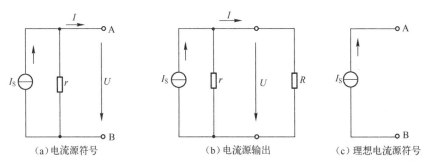

| （a）电流源符号 | （b）电流源输出 | （c）理想电流源符号 |

图 1-22　电流源符号、电流源输出、理想电流源符号

3. 电压源与电流源的等效变换

当一个电压源与一个电流源的外特性相同时，对外电路来说，这两个电源是等效的。也就是说，在满足一定条件下，两种电源之间能够实现等效变换。

由于电压源的 U 与 I 之间的关系为

$$U = E - Ir$$

即

$$I = \frac{E}{r} - \frac{U}{r}$$

又因电流源的 U 与 I 之间的关系为

$$I = I_{\mathrm{S}} - \frac{U}{r'}$$

为了保证电源的外特性完全相同（即输出的电流、电压一样），等式右侧的两项应该对应相等。那么，若将电压源等效变换成电流源，应使

$$\begin{cases} I_{\mathrm{S}} = \dfrac{E}{r} \\ r' = r \end{cases}$$

若将电流源等效变换成电压源，应使

$$\begin{cases} E = I_{\mathrm{S}} r' \\ r = r' \end{cases}$$

两种电源等效变换时，应注意以下几点。
☺ 等效变换仅是对外电路而言的，对电源内部来说并不等效。
☺ 在变换过程中，电压源的电动势 E 的方向和电流源的电源 I_{S} 的方向应保持一致。
☺ 理想电压源与理想电流源不能进行等效变换。

1.4 实验与实训

1.4.1 数字万用表的使用

1. 实验目的

☺ 熟悉数字万用表的结构。
☺ 掌握用数字万用表测量电阻、电压、电流的方法。

2. 实验器材

序　号	名　称	规　格	数　量	备　注
1	数字万用表		1个	
2	数字可调直流稳压电源	0~30V	1个	
3	电阻器		若干	
4	连接导线		若干	

3. 实验内容及步骤

数字万用表又称数字多用表（DMM），其优点是测量速度快、准确度高、读数方便，广泛应用于电子、电工测量技术中。图 1-23 所示为常用数字万用表 DT9205A 的面板结构图。

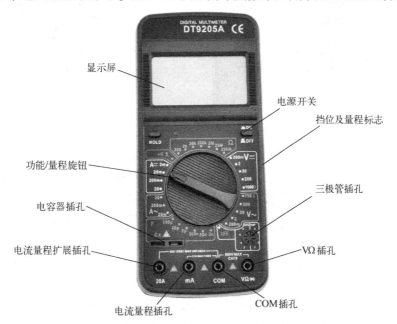

图 1-23　常用数字万用表 DT9205A 的面板结构图

图 1-24 所示为常用的数字万用表表笔。

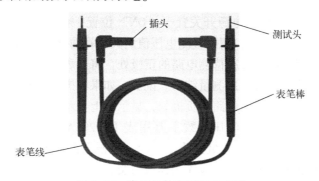

图 1-24　常用的数字万用表表笔

（1）用数字万用表测量电阻：数字万用表 DT9205A 有 200Ω、2kΩ、20kΩ、200kΩ、2MΩ、20MΩ、200MΩ 等 7 个电阻量程挡位。测量电阻前，应根据被测电阻的大小来选择合适的量程。如果无法估计被测电阻的大小，应先选择最高电阻量程挡位进行试测，然后再选择合适的量程挡位进行测量。

将万用表电源开关置于"ON"位置，将红表笔插头插入 VΩ 插孔中，将黑表笔插头插入 COM 插孔中，如图 1-25 所示。根据被测电阻器的电阻值大小，将功能/量程旋钮旋至合适的电阻量程挡位，如图 1-26 所示。

图 1-25　插好表笔

图 1-26　选择量程

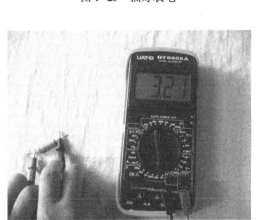

图 1-27　测量电阻值示例

如图 1-27 所示，将两支表笔的测试头分别接在待测电阻器的两个引脚上，此时在显示屏上会显示出相应的数字。当显示数字稳定后，即可读出测量数据。

（2）用数字万用表测直流电压：数字万用表 DT9205A 有 200mV、2V、20V、200V、1000V 等 5 个直流电压量程挡位。测量直流电压前，应根据被测电压的大小来选择合适的量程。如果无法估计被测电压的大小，应先选择最高直流电压量程挡位进行试测，然后再选择合适的量程挡位进行测量。

如图 1-28 所示，将万用表电源开关置于"ON"位置，将红表笔插头插入 VΩ 插孔中，将黑表笔插头插入 COM 插孔中；根据被测电压值的大小将功能/量程旋钮旋至合适的直流电压量程挡位；将红表笔测试头接在待测电路的正极处，将黑表笔测试头接在待测电路的负极处，待显示结果稳定后，即可读出测量结果。说明：如果将黑表笔测试头接在待测电路的正极处，将红表笔测试头接在待测电路的负极处，显示屏上显示的电压值将是负值。

（3）用数字万用表测交流电压：数字万用表 DT9205A 有 200mV、2V、20V、200V、750V 等 5 个交流电压量程挡位。测量交流电压前，应根据被测电压的大小来选择合适的量程。如果无法估计被测电压的大小，应先选择最高交流电压量程挡位进行试测，然后再选择合适的量程挡位进行测量。

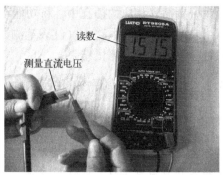

图 1-28　测量直流电压示例

如图 1-29 所示，将万用表电源开关置于"ON"位置，将红表笔插头插入 VΩ 插孔中，将黑表笔插头插入 COM 插孔中；根据被测电压值的大小将功能/量程旋钮旋至合适的交流电压量程挡位；将两支表笔的测试头分别接在待测电路的两端，待显示结果稳定后，即可读出测量结果。

图 1-29　测量交流电压示例

（4）用数字万用表测电流：数字万用表 DT9205A 有 2mA、20mA、200mA、20A 等 4 个直流电流量程挡位，有 20mA、200mA、20A 等 3 个交流电流量程挡位，如图 1-30 所示。

测量电流前，应根据被测电流的性质和大小来选择合适的量程。如果无法估计被测电流的大小，应先选择最高电流量程挡位进行试测，然后再选择合适的量程挡位进行测量。另外，DT9205A 有两个测电流表笔插孔：当功能/量程旋钮旋至 20A 量程挡位时，应将红色表笔插头插入 20A 插孔中；当功能/量程旋钮旋至其他电流量程挡位时，应将红色表笔插头插入 mA 插孔中。

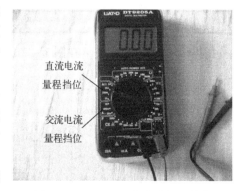

图 1-30　DT9205A 的电流量程挡位

测量电流时，将数字万用表电源开关置于"ON"位置；根据被测电流值的大小，将两支表笔插头分别插入相应的插孔中，将功能/量程旋钮旋至合适的电流量程挡位；通过两支表笔将万用表串联在待测电路中（红表笔测试头接高电位，黑表笔测试头接低电位），待显示结果稳定后，即可读出测量结果。

1.4.2 电阻器 U–I 特性曲线的测绘

1. 实验目的

☺掌握电阻元件 U–I 特性的测绘方法。
☺掌握常用直流电工仪表的使用方法。

2. 实验器材

序　号	名　　称	规　格	数　量	备　注
1	数字万用表		1个	
2	数字可调直流稳压电源	0~30V	1个	
3	直流数字电流表		1个	
4	直流数字电压表		1个	
5	线性电阻器	1kΩ/5W	1个	
6	白炽灯	12V/0.1A	1个	
7	连接导线		若干	

3. 实验内容及步骤

（1）线性电阻 U–I 特性的测绘：按图 1–31 所示进行接线，按照表 1–4 所列 U_R 值调节稳压电源的输出电压，依次将数字电流表显示的对应数值填入表 1–4 中。

表 1–4　线性电阻 U–I 特性实验数据

U_R/V	0	2	4	6	8	10
I/mA						

根据表 1–4 中的数据，在图 1–32 中绘制线性电阻 U–I 特性曲线。

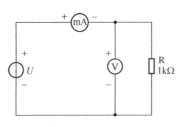

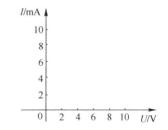

图 1–31　线性电阻 U–I 特性测绘电路　　　　图 1–32　绘制线性电阻 U–I 特性曲线

（2）非线性电阻 U–I 特性的测绘：白炽灯具有非线性电阻特性。按图 1–33 所示进行接线，按照表 1–5 所列 U_L 值调节稳压电源的输出电压，依次将数字电流表显示的对应数值填入表 1–5 中。

表 1-5 非线性电阻 U-I 特性实验数据

U_L/V	0.1	0.5	1	2	3	4	5
I/mA							

根据表 1-5 中的数据，在图 1-34 中绘制非线性电阻 U-I 特性曲线。

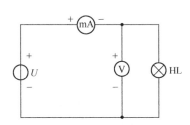

图 1-33 非线性电阻 U-I 特性测绘电路

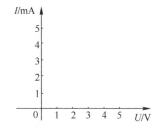

图 1-34 绘制非线性电阻 U-I 特性曲线

1.4.3 基尔霍夫定律的验证

1. 实验目的

☺ 加深理解基尔霍夫定律的基本内容，用实验数据验证基尔霍夫定律的正确性。

☺ 加深对电压绝对量、电位相对量的理解。

☺ 进一步熟悉电工仪器仪表的使用。

2. 实验器材

序 号	名 称	规 格	数 量	备 注
1	电阻器	100Ω/0.25W	1个	
2	电阻器	200Ω/0.25W	1个	
3	电阻器	300Ω/0.25W	1个	
4	直流电压表	12V	1个	或万用表
5	直流电流表	100mA	3个	或万用表
6	单刀开关	不限	2个	
7	直流稳压电源	12V/1A	2个	
8	连接导线		若干	
9	实验线路板		1块	

3. 实验内容及步骤

（1）按图 1-35 所示将直流稳压电源、电阻器、直流电压表、直流电流表和单刀开关用导线连接好，检查直流电流表极性是否连接正确。

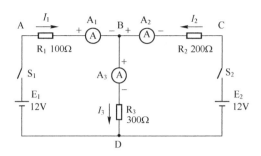

图 1-35 基尔霍夫定律实验电路

（2）打开直流稳压电源开关，闭合开关 S_1、S_2，接通电源。

（3）按照表 1-6 调节直流稳压电源的输出电压，依次将测量结果填入表中。

表 1-6 基尔霍夫电流定律实验结果记录表

电源电压		支路电流			测量电压				
E_1	E_2	I_1/mA	I_2/mA	I_3/mA	U_{AB}/V	U_{BD}/V	U_{BC}/V	U_{CD}/V	U_{DA}/V
12V	12V								
9V	12V								
12V	10V								

4. 实验结果分析

（1）依据表 1-6 中的数据，验证节点 B、D 是否满足基尔霍夫电流定律。

（2）依据表 1-6 中的数据，验证 ABCDA、ABDA、BCDB 三个回路是否满足基尔霍夫电压定律。

（3）根据基尔霍夫定律及图 1-35 中的电路参数，计算出各支路电流和电压，将计算结果与测量结果进行比较，说明存在误差的原因。

（4）通过本次实验，试说明应用基尔霍夫定律解题时，支路电流出现负值的含义及原因。

【习题】

1.1 怎样理解电位高低的含义？电位与电压有什么异同？

1.2 试述电动势的定义、单位和方向。

1.3 电动势与电压有何异同？

1.4 在电源中，电动势和电压之间有何关系？

1.5 如果 5s 内通过导线截面的电量是 10C，电流是多少？如果通过导线截面的电流是 0.1A，则 1min 内将有多少库仑的电量通过导线截面？

1.6 已知一根铜导线长 1km，截面积为 $10mm^2$，求导线的电阻。同样尺寸的铝导线的电阻为多大？

1.7 一个 200V/100W 的灯泡, 如果误接在 110V 的电源上, 此时灯泡的功率是多少? 若误接在 380V 的电源上, 此时灯泡的功率为多少? 是否安全?

1.8 求图 1-36 所示电路中的 U_{ab}。

1.9 在图 1-37 所示电路中, 已知 $R_1 = 100\text{k}\Omega$, $I = 3\text{mA}$, $I_1 = 2\text{mA}$, 问 I_2、R_2 是多少?

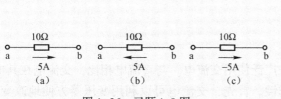

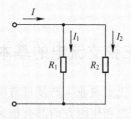

图 1-36 习题 1.8 图

图 1-37 习题 1.9 图

1.10 如图 1-38 所示: 当开关 S 扳向位置 2 时, 电压表的读数为 6.3V; 当开关扳向位置 1 时, 电流表的读数为 3A。已知 $R = 2\Omega$, 求电源的电动势和内阻。

1.11 电路如图 1-39 所示, 用等效电源法求 3Ω 电阻中的电流 I。

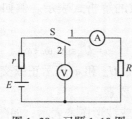

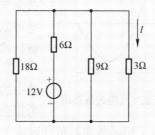

图 1-38 习题 1.10 图

图 1-39 习题 1.11 图

第2章　正弦交流电路

2.1　正弦交流电的基本概念

在现代工农业生产及日常生活中，广泛使用交流电。与直流电相比，交流电在其电能的产生、输送和使用方面都有很大的优越性。首先，交流电可以利用变压器方便地改变电压；其次，在发电量相同的条件下，交流发电机比直流发电机结构简单，价格低廉，使用维护方便；再次，交流电可以通过整流、滤波、稳压电路变换成直流电。

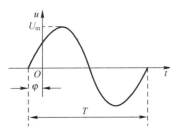

图 2-1　正弦交流电的波形图

交流电压和交流电流的大小和方向都随时间变化。其中，随时间按正弦规律变化的交流电称为正弦交流电。正弦交流电由交流发电机或正弦信号发生器产生。正弦交流电可以用正弦函数的解析式表示。例如，正弦交流电压的解析式为

$$u = U_m \sin(\omega t + \varphi)$$

式中的 3 个常数 ω、U_m 和 φ 表示正弦交流电的特征，称之为正弦交流电的三要素。

交流电除了用函数的解析式表示，还可用曲线或波形图来表示，如图 2-1 所示。

2.1.1　正弦交流电的重要参数

1. 周期和频率

交流电完成一次周期性变化所需的时间称为交流电的周期，用符号 T 表示，单位是秒（s）。交流电在 1s 内完成周期性变化的次数称为交流电的频率，用符号 f 表示，单位是赫兹（Hz）。根据定义，周期与频率互为倒数，即

$$f = \frac{1}{T}$$

我国电力工业标准频率为 50Hz，习惯上称之为工频。

周期和频率是反映交流电变化快慢的物理量。交流电变化的快慢，除了用周期和频率表示，还可以用角频率表示。角频率（ω）表示在单位时间内交流电所经历的电角度，即

$$\omega = \alpha / t$$

角频率的单位是弧度每秒（rad/s）。

周期、频率、角频率之间的关系为

$$\omega = \frac{2\pi}{T} = 2\pi f$$

2. 瞬时值、最大值和有效值

交流电在某一时刻的值称为其在这一时刻的瞬时值。电动势、电压和电流的瞬时值分别用小写字母 e、u 和 i 表示。例如，在图 2-2 中，e 在 t_1 时刻的瞬时值为 e_1，在 t_2 时刻的瞬时值为 E_m，在 t_3 时刻的瞬时值为零。

交流电最大的瞬时值称为最大值，也称幅值。电动势、电压和电流的最大值分别用符号 E_m、U_m 和 I_m 表示。在图 2-2 中，e 的最大值为 E_m。交流电的最大值是交流电在一个周期内所能达到的最大数值，可用来表示交流

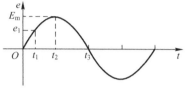

图 2-2　电动势的波形图

电的电流强弱或电压高低，在实际应用中很有意义。例如，电容器用于交流电路中时，所承受的耐压值就是指最大值，如果交流电最大值超过电容器所能承受的耐压值，电容器就有可能被击穿。

交流电的有效值是根据电流的热效应来规定的，让一个交流电流和一个直流电流分别通过电阻值相同的电阻，如果在相同时间内产生的热量相等，那么就把这一直流电的数值称为该交流电的有效值。交流电动势、电压和电流的有效值分别用大写字母 E、U 和 I 表示。

计算表明，正弦交流电的有效值与最大值之间的关系为

$$E = \frac{E_m}{\sqrt{2}} \approx 0.707 E_m$$

$$U = \frac{U_m}{\sqrt{2}} \approx 0.707 U_m$$

$$I = \frac{I_m}{\sqrt{2}} \approx 0.707 I_m$$

3. 相位、初相和相位差

在 $i = I_m(\omega t + \varphi)$ 中，$\omega t + \varphi$ 称为正弦量的相位角或相位。相位反映了正弦量随时间变化的进程，据此可以确定正弦信号每一瞬时的状态。

$t = 0$ 时的相位称为初相，即 φ 为初相，其值规定为 $|\varphi| \leqslant \pi$。

两个同频率交流信号的相位之差称为相位差。在正弦交流电路中，电压与电流是同频率的正弦交流信号，分析电路时，经常要比较它们的相位差。设电压和电流分别为

$$u = U_m \sin(\omega t + \varphi_u)$$

$$i = I_m \sin(\omega t + \varphi_i)$$

则电压与电流之间的相位差为

$$\Delta\varphi = (\omega t + \varphi_u) - (\omega t + \varphi_i) = \varphi_u - \varphi_i$$

> 初相的大小与时间起点的选择密切相关，而相位差为初相之差，与时间的起点选择无关。

如图 2-3 所示，根据两个同频率交流信号的相位差，可以确定两个交流信号之间的相位关系。

如果 $\Delta\varphi = \varphi_u - \varphi_i > 0$，那么就称 u 超前 i，或者 i 滞后于 u。在图 2-3（a）中，u 超前 i 60°。

如果 $\Delta\varphi = \varphi_u - \varphi_i = 0$，那么就称这两个正弦信号同相。在图 2-3（b）中，u 与 i 同相。

如果 $\Delta\varphi = \varphi_u - \varphi_i = 180°$，那么就称这两个正弦信号反相。在图 2-3（c）中，u 与 i 反相。

如果 $\Delta\varphi = \varphi_u - \varphi_i = 90°$，那么就称这两个正弦信号正交。在图 2-3（d）中，u 与 i 正交。

交流信号的相位差实际上反映了两个交流信号在时间上谁先达到最大值的问题。

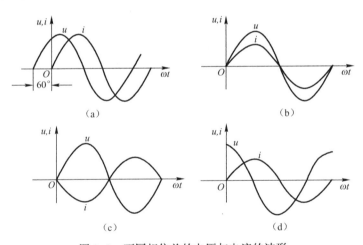

图 2-3　不同相位差的电压与电流的波形

【例 2-1】已知某正弦电压在 $t=0$ 时，其值 $u(0) = 220V$，且已知电压的初相 $\varphi = 45°$。$f = 50Hz$，求电压的有效值和最大值，并写出电压的瞬时值表达式。

解：设电压为

$$u = U_m \sin(\omega t + 45°)$$

当 $t=0$ 时，有

$$u(0) = U_m \sin 45° = 220(V)$$

故电压的最大值为

$$U_m = \frac{220}{\sin 45°} = 220\sqrt{2} \ (\text{V})$$

电压的有效值为

$$U = \frac{U_m}{\sqrt{2}} = 220 \ (\text{V})$$

电压的角频率为

$$\omega = 2\pi f = 2\pi \times 50 \approx 314 \ (\text{rad/s})$$

电压的瞬时值为

$$u = 220\sqrt{2} \sin(314t + 45°)$$

【例 2-2】 已知两个正弦信号分别为 $u = U_m \sin(\omega t - 30°)$，$i = I_m \sin(\omega t - 60°)$。试问电压与电流的相位差为多少？$u$ 与 i 哪个超前？超前多少？

解：已知 $\varphi_u = -30°$，$\varphi_i = -60°$，由此可得电压与电流的相位差为

$$\Delta\varphi = \varphi_u - \varphi_i = -30° - (-60°) = 30°$$

由此可见，电压超前电流 30°。

2.1.2 正弦交流信号的三种表示方法

1. 解析式法

正弦交流信号的电动势、电压、电流的瞬时值表达式就是正弦交流信号的解析式，即

$$e = E_m \sin(\omega t + \varphi_e)$$
$$u = U_m \sin(\omega t + \varphi_u)$$
$$i = I_m \sin(\omega t + \varphi_i)$$

这三个解析式中都包含了最大值、角频率和初相，根据解析式就可以计算正弦交流信号任意瞬时的数值。

2. 波形图法

正弦交流信号还可用与解析式相对应的正弦曲线来表示。如图 2-4 所示，横坐标表示时间 t 或电角度 ωt，纵坐标表示正弦交流电动势的瞬时值。从波形图中可以看出正弦交流信号的最大值、周期和初相。

3. 矢量图表示法

正弦交流信号也可以用旋转矢量图表示。如图 2-5 所示，在直角坐标系内，绘制一个矢量 $\vec{Oa}$，并使其长度与正弦交流信号的最大值成比例（图 2-5 中为 E_m），使 Oa 与 Ox 轴的夹角等于正弦交流信号的初相 φ，令其按逆时针方向转，这样矢量在任一瞬间与横轴 Ox 的夹角即为正弦交流信号的相位 $(\omega t + \varphi)$，旋转矢量任一瞬间在纵轴 Oy 上的投影即为正弦交流信号的瞬时值 e，即

$$e = E_{\mathrm{m}} \sin(\omega t + \varphi)$$

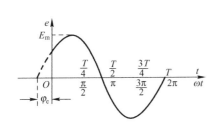

图 2-4 正弦交流电动势的波形图

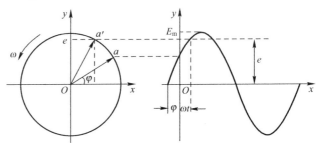

图 2-5 正弦交流信号的旋转矢量图表示法

当把同频率的正弦交流信号绘制在同一个矢量图上时，由于矢量的角频率相同，所以无论它旋转到什么位置，彼此之间的相位关系始终保持不变。因此，在研究同频矢量之间的关系时，仅按初相画出矢量，而不必标注出角频率，这样绘制出的图称为相量图，如图 2-6 所示。

采用相量图表示正弦交流信号，在计算 n 个同频率正弦交流信号的和或差时，比用解析式和波形图要简单得多，且比较直观，因此它是研究交流信号的重要方法之一。

在实际工作中，往往采用有效值相量图来表示正弦交流信号，如图 2-7 所示。

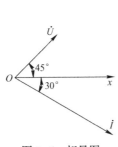

图 2-6 相量图

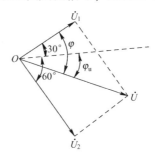

图 2-7 有效值相量图

【例 2-3】 已知 $u_1 = 3\sqrt{2}\sin(314t + 30°)$，$u_2 = 4\sqrt{2}\sin(314t - 60°)$，求 $u = u_1 + u_2$ 和 $u' = u_1 - u_2$ 的瞬时值表达式。

解：根据题意绘制相量图，如图 2-8 所示。由已知条件可知，$U_1 = 3$，$U_2 = 4$，则：

$$U = \sqrt{U_1^2 + U_2^2} = \sqrt{3^2 + 4^2} = 5$$

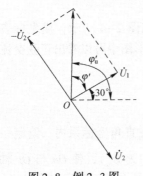

图 2-8 例 2-3 图

$$\varphi = \arctan\frac{U_2}{U_1} = \arctan\frac{4}{3} = 53°（此为 u_1 超前 u 的角度）$$

由 $\varphi = \varphi_1 - \varphi_u$ 得：

$$\varphi_u = \varphi_1 - \varphi = 30° - 53° = -23°$$

于是可得：

$$u = u_1 + u_2 = 5\sqrt{2}\sin(314t - 23°)$$

由 $u' = u_1 - u_2 = u_1 + (-u_2)$，绘制相量图（见图 2-8）。

得：

$$U' = \sqrt{U_1^2 + U_2^2} = \sqrt{4^2 + 3^2} = 5$$

$$\varphi' = \arctan \frac{U_2}{U_1} \approx 53° \text{（此为 } u' \text{ 超前 } u_1 \text{ 的角度）}$$

$$\varphi'_u = \varphi' + \varphi_1 = 53° + 30° = 83°$$

于是可得：

$$u' = 5\sqrt{2}\sin(314t + 83°)$$

2.2 交流电路中的三种基本元件

在正弦交流电路中，除了电源，还有电阻器、电感器、电容器三种不同参数的无源元件，它们在能量转换上具有不同的物理性质，在交流电路中起着不同的作用。当电流流过电阻器时，要消耗电能并转换成热量；当电流流过电感器时，要产生磁场并储存磁场能量；电容器的主要性质是当电压加在它的两个极板上时，要产生电场并储存电场能。

2.2.1 纯电阻电路

由负载和交流电源组成的电路称为交流电路。若电源中只有一个交变电动势，则称之为单相交流电路。分析交流电路时，不仅要确定电路中电压与电流之间的数值关系，也要确定它们之间的相位关系，同时还要讨论电路中的功率问题。为了分析复杂的交流电路，必须掌握单一参数元件（电阻、电感、电容）电路中电压与电流之间的关系，因为复杂电路均可看成单一参数元件电路的组合。

如果交流电路负载中只有线性电阻，如白炽灯、电炉、电烙铁等，这种电路称为纯电阻电路。

1. 电压与电流之间的关系

在正弦交流电路中，虽然电压、电流是随时间变化的，但在每一瞬间，电阻上电压与电流之间的关系仍由欧姆定律来确定。图 2-9 所示为正弦交流纯电阻电路，电压、电流在关联参考方向下，设电阻两端的电压为

$$u = U_m \sin\omega t$$

根据欧姆定律可得，电阻中的电流为

$$i = \frac{u}{R} = \frac{U_m}{R}\sin\omega t = I_m \sin\omega t$$

上式表明，电压和电流是同频率、同相位的正弦量，其电压有效值（或最大值）与电流有效值（或最大值）之间的关系仍满足欧姆定律，即

$$I = \frac{U}{R} \qquad \text{或} \qquad I_m = \frac{U_m}{R}$$

纯电阻电路电压与电流的波形图和相量图如图 2-10 所示。

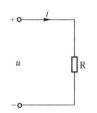

图 2-9　正弦交流纯电阻电路

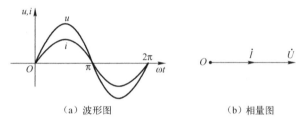

（a）波形图　　　　（b）相量图

图 2-10　纯电阻电路中电压与电流的波形图和相量图

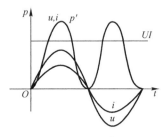

图 2-11　瞬时功率随时间
变化的规律

2. 电路的功率

电阻上任意瞬间消耗的电功率称为瞬时功率，它等于电压与电流瞬时值的乘积，用字母 p 表示，即

$$p=ui=\sqrt{2}U\sin\omega t \cdot \sqrt{2}I\sin\omega t=2UI\sin^2\omega t=UI-UI\cos2\omega t$$

瞬时功率随时间变化的规律如图 2-11 所示。由于 $p \geq 0$，说明电阻在吸收功率，它是一种耗能元件。

瞬时功率是随时间周期性变化的，通常取它在一个周期内的平均值表示交流电功率的大小，称之为平均功率，用字母 P 表示，即

$$P=UI=I^2R=\frac{U^2}{R}$$

因为平均功率是实际消耗功率，故又称之为有功功率，简称功率，其单位为瓦特（W）。例如，我们日常说灯泡的功率为 40W，电炉的功率为 1000W，电阻的功率为 5W 等，都是指其平均功率。

【例 2-4】 已知某电阻上的电压 $u=220\sqrt{2}\sin(314t+30°)$，电阻 $R=2.2\text{k}\Omega$。求电阻中的电流 I 和功率 P。

解：设电压与电流为关联参考方向，则电压有效值为

$$U=220（\text{V}）$$

而电流有效值为

$$I=\frac{U}{R}=\frac{220}{2200}=0.1（\text{A}）$$

所以

$$i=0.1\sqrt{2}\sin(314t+30°)（\text{A}）$$
$$P=UI=220×0.1=22（\text{W}）$$

❓**【想一想】**

为什么说交流电路中电阻是耗能元件？

2.2.2 纯电感电路

由电阻很小的电感线圈组成的交流电路，可近似地看成纯电感电路。

1. 电感元件的性质

如图 2-12 所示，当电流流过线圈时，将产生自感磁通 Φ。设线圈有 N 匝，如果磁通穿过线圈的各匝，则线圈中的自感磁链 $\Psi = N\Phi$。由于磁通是电流产生的，所以磁链与电流之间存在一定的关系。在磁通与电流的参考方向符合右手螺旋定则的情况下，我们将自感磁链与产生它的电流之比称为线圈的电感，用 L 表示，即

$$L = \frac{\Psi}{i}$$

L 的单位是亨利（H），简称亨。L 的大小与线圈的形状、匝数、几何尺寸及周围介质有关。当介质为非铁磁物质时，L 为常数，称为线性电感。

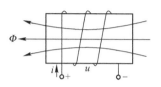

图 2-12　电感线圈

可以证明，电感元件中磁场能量 $W = Li^2/2$。当电感元件中电流 i 增大时，W 增大，此时电能转换成磁场能量，而电感元件从电源吸收能量；当电流 i 减小时，W 减小，此时磁场能量转换成电能，即电感元件向电源输送能量。由此可见，电感元件是储能元件。

2. 电压与电流之间的关系

如图 2-13（a）所示，当纯电感电路中有交变电流 i 通过时，根据电磁感应定律，线圈上产生的自感电动势为

$$e = -\frac{\Delta\Psi}{\Delta t} = -L\frac{\Delta i}{\Delta t}$$

式中，$\dfrac{\Delta\Psi}{\Delta t}$ 为线圈自感磁链对时间的变化率，负号表示自感电动势的方向符合楞次定律。对于内电阻很小的电源，其电动势与端电压之间总是大小相等、方向相反，所以有：

$$u = -e = L\frac{\Delta i}{\Delta t}$$

设该电感中流过的电流为

$$i = I_m\sin\omega t$$

由数学推导可得：

$$u = \omega L I_m\sin\left(\omega t + \frac{\pi}{2}\right) = U_m\sin\left(\omega t + \frac{\pi}{2}\right)$$

由上式可知，在纯电感电路中，电压与电流频率相同，电压超前电流 $\pi/2$，如图 2-13（b）和（c）所示。

在数值上有

$$U_m = \omega L I_m = X_L I_m \ \text{或} \ U = X_L I$$
$$X_L = \omega L = 2\pi f L$$

X_L 称为电感电抗，简称感抗，其单位为欧姆（Ω），简称欧。

感抗是用来表示电感元件对交流信号起阻碍作用的一个物理量，其大小取决于电感 L 和电流的频率 f。对某一线圈而言，f 越高，则 X_L 越大。因此，电感线圈对交流信号具有通低频阻高频的特性。对直流信号而言，由于 $f=0$，则 $X_L=0$，电感线圈可视为短路。

另外，由 $U_m=X_L I_m$ 和 $U=X_L I$ 可知，交流电压、交流电流的最大值和有效值分别满足欧姆定律。

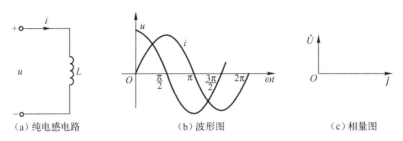

（a）纯电感电路　　　　　　（b）波形图　　　　　　（c）相量图

图 2-13　纯电感电路中电压与电流的波形图和相量图

【想一想】

在纯电感电路中，电压超前电流 90°，这是否说明电感元件上是先有电压后有电流的呢？

3. 电路的功率

纯电感电路的瞬时功率为

$$p = ui = U_m \sin\left(\omega t + \frac{\pi}{2}\right) \times I_m \sin\omega t = \frac{1}{2} U_m I_m \sin 2\omega t = UI \sin 2\omega t$$

由上式确定的功率曲线如图 2-14 所示。由图可见，在第 1 个和第 3 个 1/4 周期内，p 为正值，即电源将电能传给线圈，并以磁场能的形式储存于线圈中；在第 2 个和第 4 个 1/4 周期内，p 为负值，即线圈将磁场能转换为电能向电源充电。这样，在一个周期内，纯电感电路的平均功率为零。也就是说，纯电感电路中没有能量损耗，只有电能和磁场能的周期性转换。因此电感元件是一种储能元件。

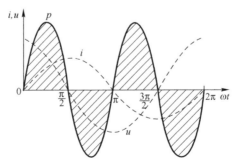

图 2-14　纯电感电路的功率曲线

我们把储能元件中瞬时功率的最大值称为无功功率（用字母 Q 表示），它只反映储能元件和电源之间能量交换的规模。电感元件的无功功率为

$$Q = UI = X_L I^2 = \frac{U^2}{X_L}$$

为了与有功功率相区别，规定无功功率单位为乏（Var）。

【例2-5】 在一个纯电感电路中，已知 $u = 220\sqrt{2}\sin(314t+30°)$，$L = 0.7\text{H}$。求：

(1) 线圈的感抗；

(2) 流过线圈电流的瞬时值表达式；

(3) 电路的无功功率；

(4) 电压与电流的相量图。

解：（1）$X_L = \omega L = 314 \times 0.7 \approx 220(\Omega)$

(2) $I = \dfrac{U}{X_L} = \dfrac{220}{220} = 1(\text{A})$

在纯电感电路中，电流滞后电压 $90°$，因此

$$\varphi_i = \varphi_u - 90° = -60°$$

于是得：

$$i = \sqrt{2}\sin(314t - 60°)$$

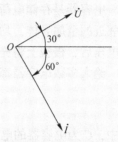

(3) $Q = UI = 220 \times 1 = 220(\text{Var})$

(4) 电压与电流的相量图如图2-15所示。

图2-15 例2-5图

【知识加油站】

电感器一般由绝缘骨架、线圈、屏蔽罩、封装材料、磁心或铁心等组成。电感器的实物图和一般符号如图2-16所示。

（a）实物图

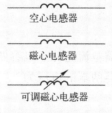

空心电感器

磁心电感器

可调磁心电感器

（b）一般符号

图2-16 电感器的实物图和一般符号

电感器的分类：按其结构的不同，可分为有线绕式电感器和非线绕式电感器；按电感量是否可调，可分为固定电感器和可调电感器；按电感器是否空心，可分为空心电感器、铁心电感器、磁心电感器等。在电路中，不同种类电感器所起的作用也不相同。

（1）小型固定电感器：是将漆包线绕在磁心上，再用环氧树脂或塑料封装而成的电感器；主要有立式和卧式两种，其电感量用直标法和色标法表示。它具有体积小、重量轻、结构牢固、安装和使用方便等优点，广泛用于滤波、陷波、扼流、振荡及延迟等电路中。

（2）单层电感器和多层电感器：单层电感器是电路中应用较多的一种电感器，它是用漆包线在线圈骨架上绕上一层制作而成的；多层电感器则是在线圈骨架上绕上多层漆包线，以获得较大的电感量。这两种电感器可用在低频和高频电子电路中。

2.2.3 纯电容电路

1. 电容元件的性质

电容器是存储电荷的容器，它在电路中也是一种储能元件。凡是用绝缘介质隔开而又相互邻近的金属导体，均可构成一个电容器。如图 2-17（a）所示，在电容器的两个极板间加上电压后，极板上将充有电荷，两个极板之间就会形成电场，存储着电场能量。

绝大多数电容器都是线性的，其极板上的电荷正比于极板间的电压，即

$$Q = Cu \qquad \text{或} \qquad C = \frac{Q}{u}$$

式中，C 为电容器的电容量（简称电容），单位为法拉（F）。实际应用中，常用的电容单位是微法 $\mu F (1\mu F = 10^{-6}F)$ 或皮法 $pF(1pF = 10^{-12}F)$。电容代表一个电容器存储电荷的能力。在相同电压下，电容越大，电容器所存储的电荷越多。

2. 电压与电流之间的关系

当电容器所加电压发生变化时，其连接线内将连续流过充电或放电电流。根据电流的定义可得电容器的充/放电电流为

$$i = \frac{\Delta Q}{\Delta t} = C \frac{\Delta u}{\Delta t}$$

上式表明电容器电流正比于电容两端电压的变化率。

假设加在电容器两端的电压为

$$u = U_{m} \sin \omega t$$

由数学推导可得：

$$i = \omega C U_{m} \sin\left(\omega t + \frac{\pi}{2}\right) = I_{m} \sin\left(\omega t + \frac{\pi}{2}\right)$$

由上式可知，在纯电容电路中，电流与电压频率相同，且电流超前电压 90°，如图 2-17（b）和（c）所示。

在数值上，

$$I_{m} = \omega C U_{m} = \frac{U_{m}}{X_{C}} \qquad \text{或} \qquad I = \frac{U}{X_{C}}$$

式中，

$$X_C = \frac{1}{\omega C} = \frac{1}{2\pi f C}$$

X_C 称为容抗，其单位是欧姆（Ω）。容抗是用来表示电容对电流阻碍作用大小的一个物理量。容抗的大小与频率及电容成反比。当电容一定时，频率 f 越高，容抗 X_C 越小。因此，电容器对交流信号具有通高频阻低频的特性。在直流电路中，因 $f = 0$，容抗 X_C 无限大，这表明当电容接入直流电路时，在稳定状态下，电路处于断路状态。

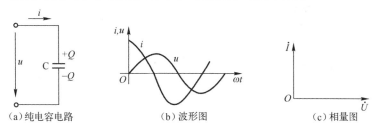

（a）纯电容电路　　　　（b）波形图　　　　（c）相量图

图 2-17　纯电容电路中电压与电流的波形图和相量图

与纯电感电路相似，在纯电容电路中，交流电压和交流电流的最大值和有效值分别满足欧姆定律。

【想一想】

在实际电路中，隔直电容器的容量一般都较大，而旁路电容器的容量一般都较小，这是为什么？

3. 电路的功率

采用和纯电感电路相似的方法，可以求得纯电容电路的瞬时功率为

$$p = ui = \sqrt{2}\,U\sin\omega t \cdot \sqrt{2}\,I\sin\left(\omega t + \frac{\pi}{2}\right) = UI\sin 2\omega t$$

它与纯电感电路中瞬时功率表达式形式上完全一样，其变化曲线如图 2-18 所示。

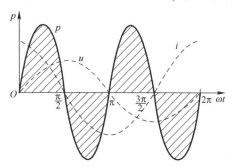

图 2-18　纯电容电路的瞬时功率

从瞬时功率的曲线图中可以看出，在第 1 个和第 3 个 1/4 周期内，$p > 0$，即电容器吸取电源能量并以电场能的形式存储起来；在第 2 个和第 4 个 1/4 周期内，$p < 0$，即电容器向电源释放能量。和纯电感电路一样，瞬时功率的最大值定义为电路的无功功率，用以表示电容和电源交换能量的规模。电容的无功功率为

$$Q = UI = I^2 X_C = \frac{U^2}{X_C}$$

【例2-6】 已知某个纯电容电路的端电压为 $u = 220\sqrt{2}\sin(314t - 30°)$，电容 $C = 15.9\mu F$，试求：

（1）电路电流的瞬时值表达式；

（2）电路的无功功率；

（3）电流与电压的相量图。

解：（1）$X_C = \dfrac{1}{\omega C} = \dfrac{1}{314 \times 15.9 \times 10^{-6}} \approx 200\Omega$

则　　　　$I = \dfrac{U}{X_C} = \dfrac{220}{200} = 1.1(A)$

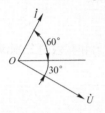

图2-19　例2-6图

因为在纯电容电路中，电流超前电压90°，则

$$\varphi_i = \varphi_u + 90° = -30° + 90° = 60°$$

所以

$$i = 1.1\sqrt{2}\sin(314t + 60°)$$

（2）$Q = UI = 220 \times 1.1 = 242(Var)$

（3）电流与电压的相量图如图2-18所示。

【知识加油站】

电容器是由两个相互靠近的导体，中间夹一层不导电的绝缘介质而构成的。被绝缘介质隔开的导体称为极板，极板通过电极与外电路连接；绝缘介质通常是空气、云母、纸和陶瓷等物质。当在两个电极之间加上电压时，极板就能存储一定的电荷，所以电容器是一种储存电能的元件。图2-20所示为电容器的一般符号。

固定电容器在电子电路中主要起调谐、滤波、耦合、旁路、能量转换和延时等作用，不同种类的电容器在电路中所起的作用也不相同。固定电容器按其内部的绝缘介质、材料和结构的不同，可分为电解电容器、瓷介电容器、涤纶电容器、CBB电容器和MKP电容器等。

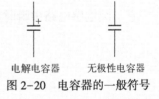

电解电容器　　无极性电容器

图2-20　电容器的一般符号

（1）电解电容器：这是一种有确定正、负极的电容器，其体积比一般无极性电容的要大一些，电容量比较大（从数微法到数千微法）；其缺点是频率特性较差，绝缘电阻较低，漏电流较大，耐压较低。电解电容器在电路中主要起滤波、旁路及信号耦合等作用。按照极板材料的不同，电解电容器可分为铝电解电容器和钽电解电容器。图2-22所示为电解电容器实物图。

（2）瓷介电容器：又称陶瓷电容器，是一种无极性电容器。它以陶瓷为介质，涂敷金属膜经高温烧结而形成极板，再在极板上焊上引脚，外表涂以保护瓷漆，或者用环氧树脂及酚醛树脂包封。由于瓷介电容器的绝缘介质是陶瓷，根据陶瓷成分不同，可分为高频瓷介电容器（用"CC"表示）和低频瓷介电容器（用"CT"表示）。一般情况下，瓷介电容器的电容量比较小，高频瓷介电容器的电容量在零点几皮法至数百皮法之间，低频瓷介电容器的电容量在 300~4400pF 之间。图 2-22 所示为瓷介电容器实物图。

（a）铝电解电容器

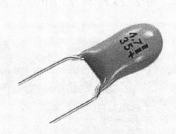
（b）钽电解电容器

图 2-21　电解电容器实物图

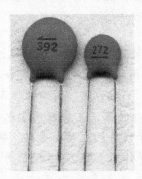
（a）低频瓷介电容器

（b）高频瓷介电容器

图 2-22　瓷介电容器实物图

（3）涤纶电容器：又称聚酯电容器，是以涤纶薄膜为绝缘介质的电容器，在电路中起滤波、振荡、电源退耦、脉动信号的旁路及耦合等作用，其电容量为数皮法到数微法。图 2-23 所示为涤纶电容器实物图。

图 2-23　涤纶电容器实物图

（4）CBB 电容器：又称聚丙烯电容器，广泛应用于电子精密仪器、小型电子设备中，起谐振、高频耦合、滤波、旁路等作用。它是以金属化聚丙烯膜作为介质和极板，用阻燃胶带外包和环氧树脂密封制作而成的，电容量为 1000pF~15000μF，额定工作电压为 63V~4kV。图 2-24 所示为 CBB 电容器实物图。

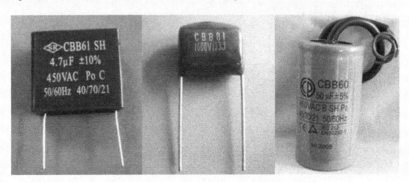

图 2-24　CBB 电容器实物图

（5）MKP 电容器：是以金属化聚丙烯薄膜或聚酯薄膜为介质，其极板采用无感卷绕方式，采用 CP 线（或软 UL 电线）焊接引出，使用环氧树脂密封在符合 UL94V-0 级的塑料壳内制作而成的电容器，它具有绝缘电阻高、自愈性好、寿命长、高频损耗小、能承载较大电流、具有明显的抗电磁干扰（EMC）的特点，主要应用于电视机、显示器、节能灯、镇流器、通信设备、开关电源、小家电等设备的主路、旁路、耦合、抑制、脉冲电路中，起滤波、隔直流、启动、调频、灭弧等作用。图 2-25 所示为 MKP 电容器实物图。

图 2-25　MKP 电容器实物图

2.3　RLC 串联正弦交流电路

前面讨论了纯电阻、纯电感、纯电容电路的情况，但实际电路多是由几种元件组成的。图 2-26 所示为 RLC 串联电路，本节将研究 RLC 串联电路的电压与电流的关系，以及电路的功率。

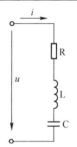

图 2-26　RLC 串联电路

2.3.1 RLC 串联电路的电压与电流的关系

在 RLC 串联电路中，流过各元件的电流相同。为了分析方便，以电流为参考，设 $i = I_m \sin\omega t$，由 3 种元件的电压与电流关系可得：

电阻电压　　$u_R = Ri = RI_m \sin\omega t$

电感电压　　$u_L = X_L I_m \sin(\omega t + 90°)$

电容电压　　$u_C = X_C I_m \sin(\omega t - 90°)$

由基尔霍夫定律可知，电路的总电压为

$$u = u_R + u_L + u_C$$

用相量表示为

$$\dot{U} = \dot{U}_R + \dot{U}_L + \dot{U}_C$$

RLC 串联电路电压相量图如图 2-20 所示。图中，$\dot{U}_X = \dot{U}_L - \dot{U}_C$，$\dot{U}_X$ 为电抗电压。相量图中的 $\dot{U}_R$、$\dot{U}_X$ 与 $\dot{U}$ 组成一个直角三角形，称为电压三角形，如图 2-28 所示。电压三角形清楚地表示出电阻电压、电抗电压与总电压之间的关系。由相量图可以求得电流和总电压有效值之间的关系为

$$U = \sqrt{U_R^2 + (U_L - U_C)^2} = \sqrt{(RI)^2 + (X_L I - X_C I)^2}$$

$$= I\sqrt{R^2 + (X_L - X_C)^2} = I\sqrt{R^2 + X^2} = IZ$$

式中：X 为电路的电抗，$X = X_L - X_C$；Z 为电路的阻抗，$Z = \sqrt{R^2 + (X_L - X_C)^2} = \sqrt{R^2 + X^2}$，它由电阻 R 和电抗 X 组成，在电路中有阻止电流的作用，其单位为欧姆。

将电压三角形的每边除以电流，可以得到由 R、X 和 Z 构成的直角三角形，称之为阻抗三角形，如图 2-29 所示。阻抗三角形表明了 R、X、Z 及 φ 之间的关系。

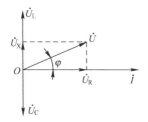 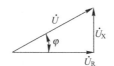 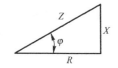

图 2-27　RLC 串联电路电压相量图　　图 2-28　电压三角形　　图 2-29　阻抗三角形

由上式和阻抗三角形可得：

$$\begin{cases} Z = \dfrac{U}{I} \\ \varphi = \arctan \dfrac{X}{R} = \varphi_u - \varphi_i \end{cases}$$

式中，阻抗 Z 表示了电压有效值与电流有效值之间的关系，可以看出 RLC 串联电路中的电压与电流的有效值符合欧姆定律；φ 为阻抗角，它表示了总电压与总电流的相位差。

2.3.2 RLC串联电路的三种性质

由上述分析可知，RLC串联电路中的电抗$X = X_L - X_C$，X可以为正值，也可以为负值，还可以等于零。

当$X > 0$时，即$X_L > X_C$，电感的作用大于电容的作用，此时$\varphi > 0$，说明电压超前电流，电路为感性电路，其相量图如图2-30（a）所示。

当$X < 0$时，即$X_L < X_C$，电容的作用大于电感的作用，此时$\varphi < 0$，说明电压滞后电流，电路为容性电路，其相量图如图2-30（b）所示。

当$X = 0$时，即$X_L = X_C$，此时$\varphi = 0$，电路中虽然有电感和电容，但是电压与电流同相，呈现电阻性，这是电路的一种特殊工作状态，称之为串联谐振，其相量图如图2-30（c）所示。谐振电路在无线电技术中广泛应用。

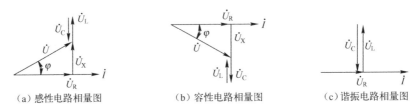

（a）感性电路相量图　　　（b）容性电路相量图　　　（c）谐振电路相量图

图2-30　RLC串联电路的相量图

2.3.3 RLC串联电路的功率

在RLC串联电路中，只有电阻是消耗电能的元件，所以电路的平均功率为电阻中消耗的功率，即

$$P = I^2 R = U_R I = UI\cos\varphi$$

式中，$U_R = U\cos\varphi$，可由电压三角形计算得到。

电路的无功功率为电抗吸收的功率，即

$$Q = I^2 X = U_X I = I^2(X_L - X_C) = Q_L - Q_C = UI\sin\varphi$$

这是无功功率的一般定义式，由此可见电路中感性无功功率与容性无功功率具有相互补偿的作用，也就是电感的磁场能量与电容的电场能量相互交换。

我们把正弦交流电路中电压有效值与电流有效值的乘积称为视在功率，用S表示，即

$$S = UI$$

视在功率的单位是伏安（V·A），这是为了与平均功率相区别。在工程应用中，许多电气设备都规定有额定电压和额定电流，两者的乘积为设备的容量，显然这也是视在功率，所以视在功率一般指设备的容量。

由平均功率的表达式可以看出，电路的平均功率为视在功率与$\cos\varphi$的乘积，$\cos\varphi$称为电路的功率因数。由于$|\varphi| \leq 90°$，显然$\cos\varphi$的值在0～1之间。由无功功率表达式可以看出，电路的无功功率等于视在功率与$\sin\varphi$的乘积，由于φ在-90°～90°之间，所以无功功率既可为正，也可为负。在工程应用中，常将$\varphi > 0$的无功功率称为电路吸收无功功率，将$\varphi < 0$的无功功率称为电路发出无功功率。

由P和Q的表达式可知，它们与视在功率S有以下关系：

$$S = \sqrt{P^2 + Q^2}$$

这说明 P、Q 和 S 三者之间也是直角三角形的关系，此三角形称为功率三角形，如图 2-31 所示。功率三角形可由电压三角形每边同乘以电流得到，因此功率三角形、电压三角形和阻抗三角形同为相似三角形。

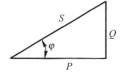

图 2-31　功率三角形

应该指出的是，$S = UI$，$P = UI\cos\varphi = S\cos\varphi$，$Q = UI\sin\varphi = S\sin\varphi$ 为电路功率的一般公式，可以用于所有正弦交流电路的功率计算。

【例 2-7】 RLC 串联后接到电压 $U = 10\mathrm{V}$、角频率 $\omega = 5000\mathrm{rad/s}$ 的正弦交流电源上。已知 $R = 7.5\Omega$，$L = 6\mathrm{mH}$，$C = 5\mu\mathrm{F}$，求电路中的电流和各元件上的电压。

解：感抗　$X_L = \omega L = 5000 \times 6 \times 10^{-3} = 30(\Omega)$

容抗　$X_C = \dfrac{1}{\omega C} = \dfrac{1}{5000 \times 5 \times 10^{-6}} = 40(\Omega)$

电抗　$X = X_L - X_C = 30 - 40 = -10(\Omega)$

阻抗　$Z = \sqrt{R^2 + X^2} = \sqrt{7.5^2 + (-10)^2} = 12.5(\Omega)$

阻抗角　$\varphi = \arctan\dfrac{X}{R} = \arctan\dfrac{-10}{7.5} \approx -53.1°$

电路阻抗角为负值，说明电路为容性，电流超前电压 53.1°。

$$I = \dfrac{U}{Z} = \dfrac{10}{12.5} = 0.8(\mathrm{A})$$

$$U_R = RI = 7.5 \times 0.8 = 6(\mathrm{V})$$

$$U_L = X_L I = 30 \times 0.8 = 24(\mathrm{V})$$

$$U_C = X_C I = 40 \times 0.8 = 32(\mathrm{V})$$

【例 2-8】 已知电阻 $R = 30\Omega$，电感 $L = 382\mathrm{mH}$，电容 $C = 40\mu\mathrm{F}$，RLC 串联后接到电压 $u = 220\sqrt{2}\sin(314t + 30°)$ 的电源上，求电路的 i、P、Q 和 S。

解：感抗　$X_L = \omega L = 314 \times 382 \times 10^{-3} \approx 120(\Omega)$

容抗　$X_C = \dfrac{1}{\omega C} = \dfrac{1}{314 \times 40 \times 10^{-6}} \approx 80(\Omega)$

电抗　$X = X_L - X_C = 120 - 80 = 40(\Omega)$

阻抗　$Z = \sqrt{R^2 + X^2} = \sqrt{30^2 + 40^2} = 50(\Omega)$

阻抗角　$\varphi = \arctan\dfrac{X}{R} = \arctan\dfrac{40}{30} \approx 53.1°$

阻抗角为正值，说明电路为感性，电压超前电流 53.1°。

电流有效值　$I = \dfrac{U}{Z} = \dfrac{220}{50} = 4.4(\mathrm{A})$

电流　$i = 4.4\sqrt{2}\sin(314t + 30° - 53.1°) = 4.4\sqrt{2}\sin(314t - 23.1°)$

有功功率 $P = UI\cos\varphi = 220 \times 4.4 \times \cos 53.1° = 581（W）$

无功功率 $Q = UI\sin\varphi = 220 \times 4.4 \times \sin 53.1° = 774（Var）$

视在功率 $S = UI = 220 \times 4.4 = 968（V \cdot A）$

【想一想】

（1）将灯泡与电感线圈串联后，分别接到电压相等的直流电源和交流电源上，问灯泡是否一样亮？为什么？

（2）交流电路的无功功率为什么等于感性无功功率与容性无功功率之差？它表示的物理意义是什么？

2.3.4 线圈和电容并联电路及功率因数的提高

电力系统的负载多为感性负载，功率因数一般较低，为了使电力设备的容量能得到充分利用，减小输出线路的电流，降低线路的功率损耗，通常采用在负载两端并联电容器的方法提高功率因数，如图 2-32 所示。

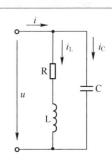

图 2-32　在负载两端
并联电容器

并联电路选电压为参考量，设 $u = U_m\sin\omega t$，对于 RL 支路，有：

感抗 $X_L = \omega L$

阻抗 $Z = \sqrt{R^2 + X_L^2} = \sqrt{R^2 + (\omega L)^2}$

阻抗角 $\varphi_1 = \arctan\dfrac{X_L}{R} = \arctan\dfrac{\omega L}{R}$

RL 支路相量图如图 2-33 所示。电容支路相量图如图 2-34 所示。

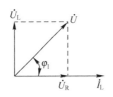

图 2-33　RL 支路相量图

图 2-34　电容支路相量图

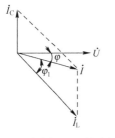

图 2-35　与图 2-32 所示电路
对应的相量图

由基尔霍夫电流定律（KCL）得：

$$\dot{I} = \dot{I}_L + \dot{I}_C$$

由此绘制出的相量图如图 2-35 所示。

在图 2-35 中，φ 为 u 与 i 的相位差，显然 $\varphi < \varphi_1$，即 $\cos\varphi > \cos\varphi_1$。因此，感性负载并联电容器后功率因数得到提高。

由图 2-35 所示相量图很容易推导出总电流为

$$I = \sqrt{(I_L\cos\varphi_1)^2 + (I_L\sin\varphi_1 - I_C)^2}$$

总电流滞后电压的相位差为

$$\varphi = \arctan \frac{I_{\mathrm{L}}\sin\varphi_1 - I_{\mathrm{C}}}{I_{\mathrm{L}}\cos\varphi_1}$$

【例2-9】 有一个感性负载，已知 $P=20\mathrm{kW}$，$\cos\varphi_1=0.6$，$U=380\mathrm{V}$，$f=50\mathrm{Hz}$，求：

(1) 电路中的电流；

(2) 若并联一个 $374\mu\mathrm{F}$ 电容器，这时电路中总电流、功率因数各为多少？

解：(1) 电路中的电流为

$$I_{\mathrm{L}} = \frac{P}{U\cos\varphi_1} = \frac{20\times10^3}{380\times0.6} \approx 87.7(\mathrm{A})$$

(2) 并联电容后，电容支路电流为

$$I_{\mathrm{C}} = \frac{U}{X_{\mathrm{C}}} = U\omega C = 380\times314\times374\times10^{-6} \approx 44.6(\mathrm{A})$$

总电流为

$$I = \sqrt{(I_{\mathrm{L}}\cos\varphi_1)^2 + (I_{\mathrm{L}}\sin\varphi_1 - I_{\mathrm{C}})^2}$$
$$= \sqrt{(87.7\times0.6)^2 + (87.7\times0.8 - 44.6)^2} \approx 58.5(\mathrm{A})$$

总电流滞后电流的相位差为

$$\varphi = \arctan \frac{I_{\mathrm{L}}\sin\varphi_1 - I_{\mathrm{C}}}{I_{\mathrm{L}}\cos\varphi_1} \approx 25.9°$$

功率因数为 $\qquad\qquad \cos\varphi = \cos25.9° \approx 0.9$

【想一想】

(1) 在电力系统中，提高功率因数的常用方法是什么？

(2) 电路中功率因数的高低是由电源决定的，还是由负载决定的？

2.4 三相交流电路

2.4.1 三相对称电源的产生

在电能的产生、输送和分配过程中，一般采用三相制的正弦交流电，也就是由3个幅值、频率相同而相位依次相差120°的正弦交流电压信号组成电源供电系统，这样的电源系统称为对称三相电源。

负载有单相和三相之分。单相负载（如照明电路）与三相制供电系统的某一相电源接通；而三相负载（如三相电动机）则必须接通三相电源，从而构成了三相交流电路。

与单相交流供电相比，三相交流供电具有下述主要优点。

(1) 三相发电机在技术和经济上都比单相发电机优越。

(2) 在相同的输电条件下，采用三相交流输电可以大大节约线材。

(3) 三相交流电动机的性能比单相电动机好，具有结构简单、运行可靠、维护方便等优点。

三相对称电源是由三相交流发电机产生的。图 2-36 所示为最简单的具有一对磁极的三相交流发电机的原理图。由图可见，电枢上装有 3 个同样的绕组 U_1U_2、V_1V_2、W_1W_2，U_1、V_1、W_1 表示各相绕组的始端，U_2、V_2、W_2 表示其末端。三相绕组的始端（或末端）彼此互差 120°。电枢表面处的磁感应强度与电枢表面垂直且按正弦规律分布（在图 2-36 中，U_1U_2 称为 L_1 相，V_1V_2 称为 L_2 相，W_1W_2 称为 L_3 相）。

当电枢由原动机拖动沿逆时针方向以角速度 ω 等速旋转时，每相绕组分别产生正弦电动势（称之为相电动势），其方向规定由末端指向始端。因为 3 个绕组的形状、尺寸和匝数都相同，并以同一角速度在同一磁场中旋转，所以 3 个电动势的频率和幅值都相同，唯一不同的是初相，即三相电动势互差 120°。因此，发电机产生的是对称三相电动势。同样，若用电压表示，则发电机产生的是对称三相电压，相电压方向与相电动势方向相反，是由始端指向末端的。

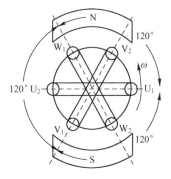

图 2-36 最简单的具有一对磁极的三相交流发电机原理图

若以 L_1 相绕组经过中性面（磁感应强度 $B=0$ 处）的时刻为计时起点（如图 2-36 所示），则三相对称电压的瞬时值可解析为

$$u_1 = U_m \sin \omega t$$
$$u_2 = U_m \sin(\omega t - 120°)$$
$$u_3 = U_m \sin(\omega t - 240°) = U_m \sin(\omega t + 120°)$$

图 2-37 和图 2-38 所示分别为三相对称电压的波形图和相量图，由图 2-37 可见，各相电压到达最大值的时间相差 $T/3$（或相位差 120°）。

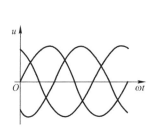

图 2-37 三相对称电压的波形图

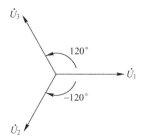

图 2-38 三相对称电压的相量图

三个相电压到达的最大值的次序称为相序。按 $L_1 \rightarrow L_2 \rightarrow L_3 \rightarrow L_1$ 的次序循环下去称为顺序（正序），按 $L_1 \rightarrow L_3 \rightarrow L_2 \rightarrow L_1$ 的次序循环下去称为逆序（反序）。一般情况下，若未加说明，均可认为采用的是顺序。

三相发电机的每一相绕组都自成一个独立的电源，可以单独与负载接成回路，但这样就失去三相制的优势。实际上，可将三相绕组的 3 个末端引出线合并成一根，形成所谓三相四线制的接法。

2.4.2 三相电源的连接方式

三相电源的三相绕组有两个连接方式：一种方式是星形（即Y形）连接，另一个种方式是三角形（即△形）连接。对三相发电机来说，通常采用星形连接，就是将三相绕组的末端 U_2、V_2、W_2 连接成一点 N，如图 2-39 所示。N 点称为三相电源的中性点或零点。

发电机三相绕组的三个始端 U_1、V_1、W_1 的引出线称为端线，俗称火线。中性点 N 的引出线称为中性线；为了安全，常将中性线接地，因此中性线俗称地线。这种有中性线的三相供电方式称为三相四线制。如果不引出中性线，则称为三相三线制。每相端线与中性线之间的电压称为相电压，其有效值分别为 U_1、U_2、U_3 或一般用 U_P 表示。相电压的方向规定为由三相绕组的始端指向末端。任意两个端线之间的电压称为线电压，其有效值分别用 U_{12}、U_{23}、U_{32} 或一般用 U_L 表示。它的方向由下标得出，如 U_{12} 是从 U_1 端指向 U_2 端。三相电源星形连接时，相电压与线电压的数值不同，相位也不同，利用相量图可以确定它们之间的关系。

根据基尔霍夫电压定律（KVL），可以得到各线电压与相电压之间的相量关系：

$$\dot{U}_{12} = \dot{U}_1 - \dot{U}_2$$

$$\dot{U}_{23} = \dot{U}_2 - \dot{U}_3$$

$$\dot{U}_{31} = \dot{U}_3 - \dot{U}_1$$

由图 2-40 所示的相量图可以看到：相量 $\dot{U}_{12}$、$\dot{U}_1$ 和 $-\dot{U}_2$ 组成底角为 30° 的等腰三角形，所以线电压 $\dot{U}_{12}$ 与相电压 $\dot{U}_1$ 的有效值有如下关系：

$$U_{12} = 2U_1 \cos 30° = \sqrt{3}\, U_1$$

同理有

$$U_{23} = \sqrt{3}\, U_2, \quad U_{31} = \sqrt{3}\, U_3$$

一般形式为

$$U_L = \sqrt{3}\, U_P$$

而在相位上，线电压 $\dot{U}_{12}$ 超前相电压 $\dot{U}_1$ 30°。

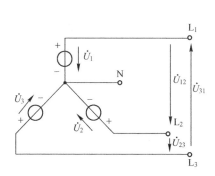

图 2-39　三相电源的星形连接

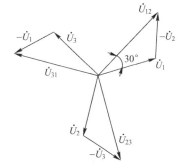

图 2-40　三相电源星形连接的相量图

由此，我们可得到下列结论：三相电源星形连接时，如果相电压是对称的，则线电压的有效值 U_L 等于相电压有效值 U_P 的 $\sqrt{3}$ 倍，并且线电压在相位上超前相电压 30°，因此 3 个线电压也是对称的。

在三相四线制低压供电系统中，常用 380V/220V 供电，就是指电源星形连接时的线电压为380V，相电压为220V。低压动力设备（如三相交流电动机）、大功率用电设备（如烘箱）等常采用线电压为380V的三相电源，而单相电气设备（如照明、家用电器）则多采用相电压为220V的电源。供电系统若不特别声明，一般所说的电压都是指线电压。

？【想一想】

（1）已知三相电源的线电压为380V，试求相线与中性线间的电压最大值是多少？

（2）现有三相四线制380V/220V供电系统，你知道如何从中取出220V单相电源吗？

2.4.3 三相负载的连接方式

三相负载的连接有两种形式，即星形连接和三角形连接。

1. 三相负载的星形连接

如图2-41所示，将3个负载的一端连接在电源中性线N上，而3个负载的另一端分别与三个端线 L_1、L_2、L_3 相连接。在三相电路中，流过各相负载的电流称为相电流，其方向分别由端点 L_1、L_2、L_3 指向负载的中性点 N'；而端线中的电流则称为线电流，记作 $\dot{I}_1$、$\dot{I}_2$、$\dot{I}_3$。显然，在三相负载的星形连接中，线电流等于相电流。中性线电流为 $\dot{I}_N$，$\dot{I}_N = \dot{I}_1 + \dot{I}_2 + \dot{I}_3$。在三相四线制中，计算某一相负载相电流的方法与单相电路一样，若不计输电线上的电压降，则负载上的线电压和相电压就是电源的线电压和相电压。在电源对称的情况下，负载的相电压在数值上等于线电压的 $1/\sqrt{3}$ 倍。

下面分别就三相负载对称和不对称的两种情况进行讨论。

（1）三相对称负载：若三相负载 $Z_1 = Z_2 = Z_3$，则称之为三相对称负载。

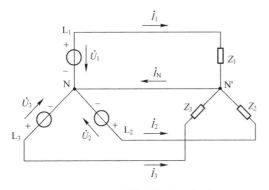

图2-41 三相负载的星形连接

首先分析 L_1 相电路（如图2-42所示），可得：

$$\dot{I}_1 = \frac{\dot{U}_1}{Z_1}$$

而相电流与相电压的相位差为

$$\varphi_1 = \arctan \frac{X}{R}$$

由对称关系得到：

$$\dot{I}_2 = \dot{I}_3 = \dot{I}_1$$

$$\varphi_2 = \varphi_3 = \varphi_1$$

三相对称负载星形连接的相量图如图2-43所示。从相量图可知，3个线电流（或相电流）也对称，则

$$\dot{I}_N = \dot{I}_1 + \dot{I}_2 + \dot{I}_3 = 0$$

此时中性线线电流为零，中性线可有可无。若取消中性线，三相四线制就变成了三相三

线制。常用的三相交流电动机就可以不用中性线。

（2）三相不对称负载：若 $Z_1 = Z_2 = Z_3$ 不成立，则称之为三相不对称负载。在三相负载不对称的情况下，由于中性线的存在，负载相电压仍等于电源的相电压，即仍为对称的。但三相电流不再是对称的，因此中性线线电流为

$$\dot{I}_N = \dot{I}_1 + \dot{I}_2 + \dot{I}_3 \neq 0$$

此时中性线中有电流。在三相负载不对称的情况下，如果中性线断开，这时线电压仍保持对称，但各相电压需要重新分配，造成有的负载承受的电压超过额定电压，而有的负载承受的电压低于额定电压，这两种情况都会造成严重事故。由此可知，中性线必不可少。为了防止中性线断开，在电工施工规则中规定，在干线的中性线上不允许装熔丝和开关。

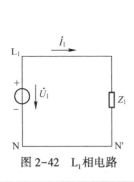

图 2-42　L_1 相电路

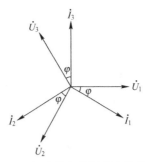

图 2-43　三相对称负载星形连接的相量图

【例 2-10】如图 2-44 所示，在 380V/220V 的三相四线制供电线路中，设 L_1 相负载是一个 220V、100W 的灯泡；L_2 相开路；L_3 相负载为两个 220V、100W 的灯泡。问：若中性线突然断开，会发生什么情况？

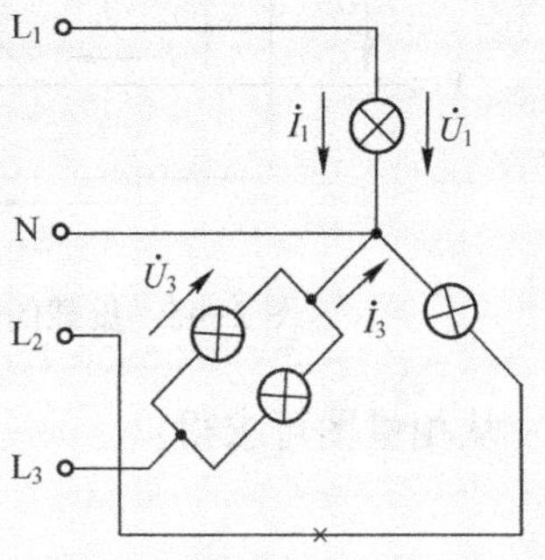

解： L_1 相负载电阻为

$$R_1 = \frac{U^2}{P_N} = \frac{220^2}{100} = 484(\Omega)$$

L_3 相负载电阻为

$$R_3 = \frac{R_1}{2} = 242(\Omega)$$

图 2-44　例 2-10 图

有中性线时，L_1、L_3 两相均承受 220V 电压，正常工作。

L_1 相电流　$I_1 = \dfrac{U_1}{R_1} = \dfrac{220}{484} \approx 0.45(A)$

L_3 相电流　$I_3 = \dfrac{U_3}{R_3} \approx 0.91(A)$

中性线断开后，因为 L_2 相开路，所以 L_1 和 L_2 两相负载串联，共同承担线电压 U_{31}。根据串联分压原理可得：

$$U_1 = \frac{R_1}{R_1 + R_2} U_{31} = \frac{484}{484 + 242} \times 380 \approx 253(V)$$

$$U_3 = U_{31} - U_1 = 380 - 253 = 127 (\text{V})$$

因此，L_1 相灯泡将损坏。

2. 三相负载的三角形连接

如图 2-45 所示，三相负载也可以接成三角形的形式，将各相负载接在两个端线之间，因此各相负载的相电压就是电源的线电压，其相电压是对称的，但负载的相电流不同于线电流。根据 KCL 可知：

$$\dot{I}_1 = \dot{I}_{12} - \dot{I}_{31}$$

$$\dot{I}_2 = \dot{I}_{23} - \dot{I}_{12}$$

$$\dot{I}_3 = \dot{I}_{31} - \dot{I}_{23}$$

各相电流的计算方法与单相电路完全相同。

因各相负载对称，所以各相电流也对称，其相量图如图 2-46 所示。

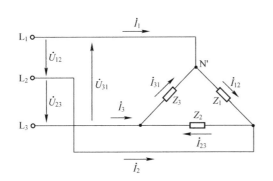

图 2-45 负载的三角形连接

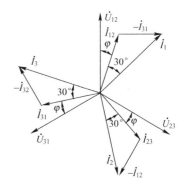

图 2-46 对称负载三角形连接时的相量图

从相量图可求得：

$$I_1 = 2I_{12}\cos 30° = \sqrt{3}\,I_{12}$$

同理有：

$$I_2 = \sqrt{3}\,I_{23} \qquad I_3 = \sqrt{3}\,I_{31}$$

即

$$I_L = \sqrt{3}\,I_P$$

由此可得结论：对称负载三角形连接时，线电流有效值 I_L 等于相电流有效值 I_P 的 $\sqrt{3}$ 倍；各线电流 I_1、I_2、I_3 分别比各相电流 I_{12}、I_{23}、I_{31} 滞后 30°。因此，3 个线电流也是对称的。

负载采用哪种连接方式，应根据负载的额定电压和电源的线电压来决定。如果负载的额定电压等于电源的线电压，应采用三角形连接方式；如果负载的额定电压等于电源的相电压，应采用星形连接方式。

【想一想】

（1）三相三线制和三相四线制供电电路分别用在什么场合？

（2）星形连接时，中性线是否可有可无？为什么？

2.4.4　三相电路的功率

一个三相负载吸取的总有功功率等于每相负载吸取的有功功率之和，即

$$P_{总} = P_1 + P_2 + P_3 = U_{1相}I_{1相}\cos\varphi_1 + U_{2相}I_{2相}\cos\varphi_2 + U_{3相}I_{3相}\cos\varphi_3$$

在对称三相电路中，各相有功功率相同，因此有：

$$P_{总} = 3U_{相}I_{相}\cos\varphi$$

对于星形连接方式，有：

$$I_{相} = I_{线} \qquad U_{相} = \frac{U_{线}}{\sqrt{3}}$$

则

$$P_{总} = 3I_{线}\frac{U_{线}}{\sqrt{3}}\cos\varphi = \sqrt{3}\,U_{线}\,I_{线}\,\cos\varphi$$

对于三角形连接方式，有：

$$U_{相} = U_{线} \qquad I_{相} = \frac{I_{线}}{\sqrt{3}}$$

则

$$P_{总} = 3U_{线}\frac{I_{线}}{\sqrt{3}}\cos\varphi = \sqrt{3}\,U_{线}\,I_{线}\,\cos\varphi$$

由此可见，对于对称负载，不论采用何种连接方式，总功率的计算公式是一样的，即

$$P_{总} = \sqrt{3}\,U_{线}\,I_{线}\,\cos\varphi$$

同理，对称三相负载的总无功功率、总视在功率分别为

$$Q_{总} = \sqrt{3}\,U_{线}\,I_{线}\,\sin\varphi$$

$$S_{总} = \sqrt{3}\,U_{线}\,I_{线}$$

2.5　安全用电

2.5.1　电流对人体的伤害

电流对人体的伤害可分为两类：电击和电伤。

1. 电击

电击是电流对人体内部组织的伤害，是最危险的一种伤害，绝大多数（约 85% 以上）的触电死亡事故都是由电击造成的。

电击的主要特征如下所述。

（1）伤害人体内部。

（2）在人体的外表没有显著的痕迹。

（3）致命电流较小。

按照发生电击时电气设备的状态，电击可分为直接接触电击和间接接触电击。

（1）直接接触电击：是指触及设备和线路正常运行时的带电体发生的电击。

（2）间接接触电击：是指触及正常状态下不带电，而当设备或线路故障时意外带电的导体发生的电击（如触击漏电设备的外壳发生的电击）。

2. 电伤

电伤是由电流的热效应、化学效应、机械效应等对人造成的伤害。在触电事故中，纯电伤性质的和带有电伤性质的约占75%。尽管约85%以上的触电死亡事故是由电击造成的，但其中约有70%的含电伤成分。对专业电工自身的安全而言，预防电伤具有更加重要的意义。

（1）电烧伤：是指电流的热效应造成的伤害，分为电流灼伤和电弧烧伤。

（2）皮肤金属化：是指在电弧高温的作用下，金属熔化、汽化、金属微粒渗入皮肤，使皮肤粗糙而张紧的伤害。皮肤金属化多与电弧烧伤同时发生。

（3）电烙伤：是在人体与带电体接触的部位留下的永久性斑痕，斑痕处的皮肤失去原有弹性、色泽，表皮坏死、失去知觉。

（4）机械性损伤：是指电流作用于人体时，由于中枢神经反射和肌肉强烈收缩等作用导致的机体组织断裂、骨折等伤害。

（5）电光眼：是指发生弧光放电时，由红外线、可见光、紫外线对眼睛的伤害。电光眼表现为角膜炎或结膜炎。

2.5.2 触电的种类和形式

按照人体触及带电体的方式和电流流过人体的途径，触电分为单相触电、两相触电和跨步电压触电。

1. 单相触电

当人体直接碰触带电设备其中的一相时，电流通过人体流入大地，这种触电现象称为单相触电。对于高压带电体，人体虽然未直接接触，但由于距离小于安全距离，高电压对人体放电，造成单相接地而引起的触电，也属于单相触电。

2. 两相触电

人体同时接触带电设备或线路中的两相导体，或在高压系统中，人体同时接近不同相的两相带电导体，而发生电弧放电，电流从一相导体通过人体流入另一相导体，构成一个闭合回路，这种触电方式称为两相触电。

发生两相触电时，作用于人体上的电压等于线电压，这种触电是最危险的。

3. 跨步电压触电

当电气设备发生接地故障，接地电流通过接地体向大地流散，在地面上形成电位分布时，若人在接地短路点周围行走，其两脚之间的电位差，就是跨步电压。由跨步电压引起的人体触电，称为跨步电压触电。

2.5.3　安全用电措施

触电的原因，可能是人体直接接触带电导体，也可能是绝缘损坏，人触及带电的金属外壳而造成的。大多数事故发生在后一种情况。为了防止这种危险，保护电气设备安全运行，其安全用电措施可采用接地系统。

1. 保护接零

在正常情况下，将电气设备不带电的金属外壳或构架，与供电系统中的零线连接，如图 2-47 所示。

使用接零保护必须特别注意以下事项。

（1）保护接零主要用于中性点接地的 380V/220V 三相四线制电力系统中。

（2）用于保护接零或专用保护接地上不得装设熔断器或开关，以保证保护的可靠性。

2. 保护接地

将电动机等设备的金属外壳（皮）与接地干线连接，而接地干线又与接地体连接，从而形成保护接地，如图 2-48 所示。

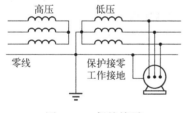

图 2-47　保护接零

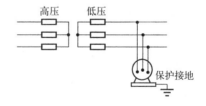

图 2-48　保护接地

保护接地一般适用于电压小于 1kV、电源中性点不接地的场合。

　　在同一供电线路中，不允许对一部分电器采用保护接地，而对另一部分电器采用保护接零的方法。这是为了避免当采用接地的设备出现故障或外壳带电时，所有采用保护接零的设备外壳均带电的情况发生。

2.5.4　安全用电常识

（1）对电气设备均应制定安全操作规程，并严格遵守安全操作规程。

（2）对于出现故障的电气设备、装置和线路，不得继续使用，必须及时进行检修。

（3）电气设备一般都不能受潮，要有防止雨、雪和水侵袭的措施；电气设备在运行时会发热，要有良好的通风条件，有的还要有防火措施；有裸露带电体的设备，特别是高压设备，要有防止小动物窜入造成短路事故的措施。

（4）所有电气设备的金属外壳，都必须有可靠的保护接地。

（5）凡有可能被雷击的电气设备，要安装防雷装置。

（6）严禁用一线（相线）一地（指大地）安装用电器具。

（7）在一个插座上不可接过多或功率过大的用电器具。

（8）不掌握电气知识和技术的人员，不可安装和拆卸电气设备及线路。

（9）不可用金属丝绑扎电源线。

（10）不可用手来鉴定导体是否带电，不可用湿手接触带电的电器，如开关、灯座等，更不可用湿布揩擦电器。

（11）电动机和电气设备上不可放置衣物，不可在电动机上坐立，雨具不可挂在电动机或开关等电器的上方。

（12）堆放或搬运各种物资、安装其他设备时，要与带电设备和电源线相距一定的安全距离。

（13）在搬运电钻、电焊机和电炉等可移动电器时，要先切断电源，不允许拖拉电源线来搬移电器。

（14）在潮湿环境中使用可移动电器时，必须采用额定电压为 36V 的低压电器，若采用额定电压为 220V 的电器，其电源必须采用隔离变压器；在金属（如锅炉、管道）内使用的移动电器，一定要用额定电压为 12V 的低压电器，并要加接临时开关，还要有专人在容器外监护；低电压移动电器应装特殊型号的插头，以防误插入电压较高的插座上。

（15）雷雨时，不要走近高电压电杆、铁塔和避雷针的接地导线的周围，以防雷电入地时周围存在的跨步电压触电；切勿走近断落在地面上的高压电线，万一高电压电线断落在身边或已进入跨步电压区域时，要立即用单脚或双脚并拢迅速跳到 10m 以外的地区，千万不可奔跑，以防跨步电压触电。

（16）发现有人触电时，要立即采取正确的抢救措施。

① 使触电者迅速脱离电源。

② 当触电者脱离电源后，应在现场就地检查和抢救。

（17）发生电气火灾时，应尽量先切断电源再进行扑救。若不能切断电源，就只能带电灭火。扑灭电气火灾时，要使用不导电的灭火剂，以保证使用灭火设备的人员不致触电，同时使一些电气设备和仪器不致被灭火剂喷洒后无法修复。

2.6 实验与实训

2.6.1 电感器、电容器的识别与检测

1. 实验目的

☺学会识别电感器、电容器主要参数。

☺掌握用数字万用表检测电感器和电容器的方法。

2. 实验器材

序 号	名 称	规 格	数 量	备 注
1	数字万用表		1个	
2	电感器		若干	
3	电容器		若干	

3. 实验内容及步骤

（1）电感器的检测。

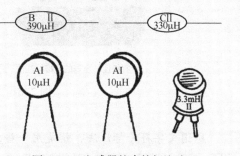

【知识加油站】

在电感器上标注其主要参数的常用方法有两种，即直接标注法和色标法。

所谓直接标注法，就是将电感器的标称容量用数字直接标注在其外壳上，用拉丁字母 A、B、C、D、E 表示电感线圈的额定电流（分别表示 50mA、150mA、300mA、0.7A、1.6A），用罗马数字 I、II、III 表示允许偏差（分别表示 ±5%、±10%、±20%），如图 2-49 所示。

图 2-49 电感器的直接标注法

所谓色环标注法，是在电感器上用色环来表示电感量和允许偏差，该方法与电阻器的色环标注法类似（色环颜色及含义完全相同，但色码电感器的电感量单位为 μH）。

电感器的常见故障是烧断，因此用万用表检测电感器时，主要是用电阻挡位检测电感器的通断情况。

如图 2-50 所示，用数字万用表的两支表笔测量电感器的两个引脚，若显示的数字较小，表示电感器有一定的电阻值，可说明该电感器无烧断现象；若显示屏最高位一直显示为 1，则说明电感器已烧断（开路）。

（a）电感器未烧断   （b）电感器开路

图 2-50 用数字式万用表检测电感器的通断情况

（2）电容器的检测。

在电容器上标注其主要参数的常用方法有 3 种，即直接标注法、文字符号法和数码法。

所谓直接标注法，就是在电容器上直接标注主要参数的方法，如图 2-51 所示（在电解电容器上标注负极引脚位置，电容量为 470μF，耐压为 450V；在 MKP 电容器上标注电容量为 0.0082μF，允许偏差为 ±5%，耐压为直流 3000V）。

（a）有极性电容器的直接标注法　　　（b）无极性电容器的直接标注法

图 2-51　电容器的直接标注法

所谓文字符号标注法，就是用一些文字符号在电容器上标注电容器主要参数的方法。例如："p1"表示 0.1pF，"1n"表示 1nF（即 1000pF），"4n4"表示 4.4nF（即 4400pF），"μ44"表示 0.44μF。注意：此处的字母 p、n、μ，既与字母 F 组合表示单位 pF、nF、μF，其位置也用于表示小数点的位置。

所谓数码标注法，就是在电容器上用 3 位数字表示其电容量（前两位表示有效数字，第 3 位数字表示乘数，单位为 pF），有的还用一个字母来表示允许偏差（见表 2-1），如图 2-52 所示。例如："102"表示电容量为 10×10^2 pF（即 1000pF）；"103"表示电容量为 10×10^3 pF（即 0.01μF）；"104J"表示电容量为 10×10^4 pF（即 0.1μF）、允许偏差为 ±5%；"474K"表示 47×10^4 pF（即 0.47μF）、允许偏差为 ±10%。

表 2-1　允许偏差与字母代码对照表

允许偏差	字母代码	允许偏差	字母代码	允许偏差	字母代码
±0.005%	E	±0.25%	C	±5%	J
±0.01%	L	±0.5%	D	±10%	K
±0.02%	P	±1%	F	±20%	M
±0.05%	W	±2%	G	±30%	N
±0.1%	B	±3%	H	—	—

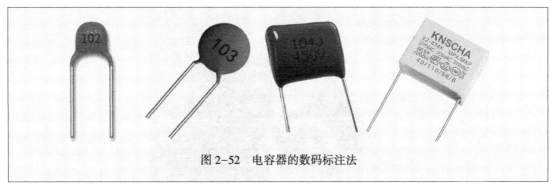

图 2-52 电容器的数码标注法

电容器的常见故障为击穿、开路、漏电和失容等，可以用万用表对固定电容器进行检测。

① 电解电容器的检测：以标称 $150\mu F/400V$ 的电解电容器为例。如图 2-53 所示，根据电容器的标称电容量，选择合适的电阻量程并调零。对于标称容量为 $150\mu F$ 的电解电容器，应选用 $40k\Omega$ 挡位。

如图 2-54 所示，用一支表笔的测试头将电解电容器的两个引脚短接，对其进行放电。

图 2-53　选择合适量程

图 2-54　对电解电容器进行放电

用两支表笔测试头测量电解电容器的两个引脚，若显示屏显示的数字从 4.6 开始逐渐增大，最终显示为 1，说明该电解电容器的性能良好，如图 2-55（a）所示；若显示屏显示的数字一直为 0.00，说明该电解电容器击穿，如图 2-55（b）所示；若显示屏最高位一直显示为 1，说明该电解电容器开路，如图 2-55（c）所示。

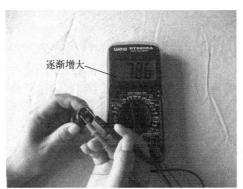

（a）性能良好

（b）击穿

图 2-55　检测电解电容器的性能

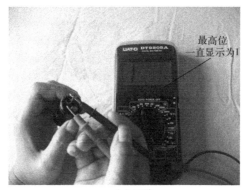

（c）开路

图 2-55　检测电解电容器的性能（续）

②无极性电容器的性能检测：根据被测电容器的电容量，将数字万用表的功能/量程旋钮旋至合适的电容器测量挡位（CX），然后将电容器的两个引脚插入数字万用表的电容器插孔中，若显示屏显示该电容器的正常电容量（考虑允许偏差），说明其性能良好，如图 2-56（a）所示；若显示屏最高位一直显示为 1，说明其击穿，如图 2-56（b）所示；若显示屏显示的数字一直为 0.00，说明其开路或失容，如图 2-56（c）所示。

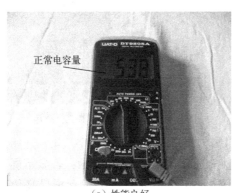

（a）性能良好

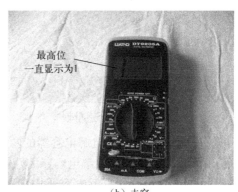

（b）击穿

（c）开路或失容

图 2-56　无极性电容器的检测

2.6.2 RLC 串联电路的验证

1. 实验目的

☺ 了解交流电路性质随电信号频率的变化关系。

☺ 验证 $U=\sqrt{U_R^2+(U_L-U_C)^2}$。

☺ 学会使用低频信号发生器、毫伏表。

2. 实验器材

序　号	名　　称	规　格	数　量	备　注
1	数字万用表		1个	
2	低频信号发生器		1个	
3	毫伏表		1个	
4	电感器	180mH	1个	
5	电容器	0.1μF	1个	
6	电阻器	200Ω	1个	
7	连接导线		若干	

3. 实验内容及步骤

按照图 2-57 所示搭建 RLC 串联实验电路。调节低频信号发生器，使其输出正弦交流信号（其电压的峰-峰值为 3V）。

调节信号发生器输出电压的频率 f，测量 R、L、C 上的电压值，将测量结果填入表 2-2 中，然后进行计算、分析与验证。

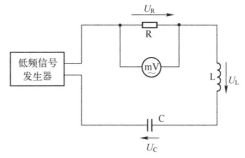

图 2-57　RLC 串联实验电路

表 2-2　RLC 串联实验电路测量结果

输出信号频率	测量值/mV			计算	分析与验证		
f/Hz	U_R	U_L	U_C	$f_0=\dfrac{1}{2\pi\sqrt{LC}}$	$U_L>U_C$?	电路性质	$U=\sqrt{U_R^2+(U_L-U_C)^2}$?
500							
1000							
1500							

2.6.3 三相正弦交流电路的测试

1. 实验目的

☺ 学会三相负载的星形连接和三角形连接，并掌握这两种连接方式的线电压和相电压、线电流和相电流的测量方法。

☺ 验证三相负载对称时，线电压与相电压、线电流与相电流之间的关系。

☺ 理解中性线的作用。

2. 实验器材

序　号	名　　　称	规　格	数　量	备　注
1	三相负载灯板	40W×9	1个	
2	三相电源	0~380V	1个	
3	交流电压表	500V	1个	或万用表
4	交流电流表	10A	6个	
5	单刀电源开关		1个	
6	连接导线		若干	

3. 实验内容及步骤

（1）三相负载星形连接的测试。按照图 2-58 所示搭建三相负载星形连接实验电路。调节三相电源使三相电压同时升高，将三相相电压调至 220V。

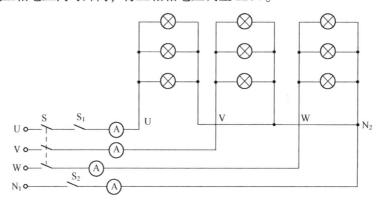

图 2-58　三相负载星形连接实验电路

合上电源开关，按照表 2-3 所列条件进行实验，并将测量结果填入表中。

表 2-3　三相负载星形连接实验电路测量结果

序号	负载对称情况	有无中性线	开关状态		测量结果							
			S_1	S_2	I_U/A	I_V/A	I_W/A	I_N/A	U_{UV}/V	U_{VW}/V	U_{WU}/V	U_{N1N2}/V
1	对称	无	闭合	闭合								
2	对称	有	闭合	断开								
3	不对称	无	闭合	闭合								
4	不对称	有	闭合	断开								
5	U 相负载断开	无	断开	闭合								
6	U 相负载断开	有	断开	闭合								

（2）三相负载三角形连接的测试。按照图 2-59 所示搭建三相负载三角形连接实验电路。调节三相电源使三相电压同时升高，将三相相电压调至 220V。

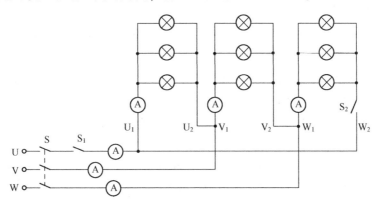

图 2-59 三相负载三角形连接实验电路

合上电源开关，按照表 2-4 所列条件进行实验，并将测量结果填入表中。

表 2-4 三相负载三角形连接实验电路测量结果

序号	负载情况	开关状态		测量结果								
		S_1	S_2	I_U/A	I_V/A	I_W/A	I_{UV}/A	I_{VW}/A	I_{WU}/A	U_{UV}/V	U_{VW}/V	U_{WU}/V
1	对称	闭合	闭合									
		闭合	断开									
2	不对称	闭合	闭合									
3	一相负载断开	断开	闭合									

4. 实验结果分析

（1）根据表 2-3 中的实验数据，总结对称三相负载星形连接时相电压与线电压之间的关系。

（2）根据表 2-4 中实验数据，总结对称三相负载三角形连接时相电流与线电流之间的关系。

（3）决定三相负载连接方式的依据是什么？

（4）根据实验情况说明中性线的作用。

 【习题】

2.1 已知交流电动势 $e = 282\sin(314t + 60°)$。试求 E_m、E、ω、f、T 和 φ 各为多少？

2.2 已知某正弦电压的最大值 $U_m = 311V$，频率 $f = 50Hz$，初相 $\varphi = 30°$，试写出该电压的瞬时值表达式，绘出波形图，并求出 $t = 0.01s$ 时的电压值。

2.3 已知 $e_1 = E_{m1}\sin(\omega t + 90°)$，$e_2 = E_{m2}\sin(\omega t - 45°)$，$f = 50Hz$，求 e_1 与 e_2 的相位差，并指出它们超前、滞后的关系。当 $t = 0.05s$ 时，e_1 与 e_2 各处于什么相位？

2.4 已知 $u_1 = 140\sin(314t+90°)$，$u_2 = 112\sin(314t-90°)$，试绘制相量图，求 $u = u_1 + u_2$ 和 $u' = u_1 - u_2$。

2.5 已知 $i_1 = 3\sqrt{2}\sin(\omega t+60°)$，$i_2 = 4\sqrt{2}\sin(\omega t-30°)$，试绘制相量图，求 $i = i_1 + i_2$ 和 $i' = i_1 - i_2$。

2.6 将一个 220V、45W 的电烙铁接到 220V 工频电源上，试求电烙铁的电流和电阻，绘出电压、电流的相量图。

2.7 将一个 $L=0.5$H 的线圈接在 220V、50Hz 的交流电源上，求线圈中的电流和无功功率。

2.8 在荧光灯照明工频电路中，测得镇流器（它的电阻忽略不计）的电压为 190V，电流为 0.4A，求镇流器的电感 L、无功功率 Q 和镇流器储存的磁场能量最大值 W_{Lm}。

2.9 把 $C=20\mu$F 的电容器接到 $u = 141\sin\left(100\pi t+\dfrac{\pi}{6}\right)$ 的电源上。

（1）求流过电容器的电流，并写出该电流的瞬时值表达式。

（2）绘出电压和电流的相量图。

（3）计算无功功率。

2.10 在 RLC 串联电路中，已知 $R = 10\Omega$，$L = 0.1$H，$C = 200\mu$F，电源电压 $U = 100$V，频率 $f=50$Hz。

（1）求电路中的电流。

（2）求功率因数 $\cos\varphi$，视在功率 S，平均功率 P，无功功率 Q。

（3）绘出电压、电流的相量图。

2.11 在 RLC 串联电路中，已知电源电压 $u = 120\sqrt{2}\sin314t$，当电流 $I = 10$A 时，电路的功率 $P = 155$W，电容电压 $U_C = 81$V，求电路中的电阻 R、电感 L、电容 C 及功率因数 $\cos\varphi$。

2.12 在 RLC 串联电路中，已知电路的电流 $I = 1$A，电阻电压 $U_R = 15$V，电感电压 $U_L = 80$V，电容电压 $U_C = 100$V，求：

（1）电路的总电压 U。

（2）电阻 R、感抗 X_L 和容抗 X_C。

（3）电路的平均功率 P、无功功率 Q 和视在功率 S。

2.13 工作接地和保护接地有什么区别？它们各适用于什么场合？

2.14 为什么在同一供电线路中不能一部分电气设备采用工作接地，而另一部分设备采用保护接地的措施？

2.15 遇有人触电和火灾事故时，应该如何处理？

第3章　半导体器件

3.1　半导体二极管

半导体二极管又称晶体二极管，简称二极管。二极管是用半导体材料制作而成的。半导体是导电性能介于导体与绝缘体之间的物质，如硅（Si）、锗（Ge）等。纯净的半导体又称本征半导体，其原子能按一定规律整齐排列，因此呈晶体结构。在本征半导体中掺入不同的微量元素，就会得到导电性质不同的半导体材料，即空穴型半导体（P型半导体）、电子型半导体（N型半导体）。

3.1.1　二极管的结构、类型

1. 二极管的结构

将PN结封装，并引出相应的电极引线，就成为半导体二极管。其中，从P区引出的电极称为二极管的正极，从N区引出的电极称为二极管的负极。二极管的外形和结构如图3-1（a）和（b）所示。

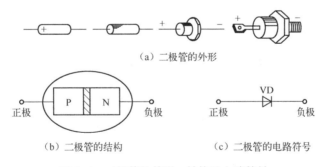

（a）二极管的外形

（b）二极管的结构　　　　　（c）二极管的电路符号

图3-1　二极管的外形、结构及电路符号

2. 二极管的符号

图3-1（c）所示为二极管的电路符号。在电路中，通常用字母VD（或V）表示二极管。

3.1.2　二极管的 *U–I* 特性

二极管内部是一个PN结，具有单向导电性。我们把流过二极管的电流与二极管两端电压之间的对应关系称为二极管的 $U\text{-}I$ 特性（也称伏安特性）。它是一条曲线，我们称之为二极管的 $U\text{-}I$ 特性曲线，如图 3-2 所示。

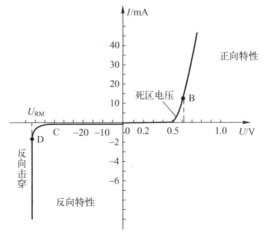

图 3-2 二极管的 $U\text{-}I$ 特性曲线

1. 二极管正向特性

从二极管 $U\text{-}I$ 特性曲线可以看出，当二极管两端所加正向电压较小时，二极管还不能导通，这一段电压称为死区电压（也称开启电压）。通常硅管的死区电压约为 0.5V，锗管的死区电压约为 0.1V。当外加正向电压低于死区电压时，正向电流几乎为零；当外加正向电压大于死区电压时，正向电流开始增大，在 B 点之后，只要电压略有增加，电流将急剧增大，二极管处于正向导通状态。二极管导通时的正向压降变化不大，对于硅管约为 0.7V，对于锗管约为 0.3V。

2. 二极管反向特性

当二极管两端外加反向电压时，二极管处于反向截止状态，反向电流很小，而且随着反向电压增大，反向电流基本上保持不变，这称之为反向饱和电流，记作 I_S。通常，硅管的反向饱和电流约为数微安到数十微安，锗管的反向饱和电流约为数十微安到数百微安。

当外加反向电压大于最高反向工作电压 U_{RM} 时，反向电流突然剧增，二极管失去单向导电性，这种现象称为击穿。

普通二极管被击穿后，由于反向电流很大，一般会造成"热击穿"，不能恢复原来性能，此时二极管也就损坏失效了。

3.1.3 二极管的主要参数及用途

1. 二极管的主要参数

（1）最大整流电流 I_F：是指二极管长期工作时，允许通过的最大正向平均电流。超过这一数值时，二极管将因过热而烧坏。因此，电流较大的二极管必须按规定加装散热片。

（2）最高反向工作电压 U_{RM}：是指二极管反向击穿时的电压值。当反向工作电压超过这一数值时，二极管将被击穿。因此，在选用二极管时，应保证其反向工作时所加反向电压不超过 U_{RM}，并尽量留有一定的裕量。

（3）反向电流 I_S：是指二极管未被击穿时的反向电流。其值越小，说明二极管的单向导电性越好。

2. 二极管的主要用途

（1）整流：利用二极管的单向导电特性，可在电源电路中用于整流。

（2）稳压：利用二极管的反向击穿特性，可用于稳压。

稳压二极管是一种特殊的二极管，它主要工作在反向击穿区域，其特性与普通二极管类似。但它的反向击穿是可逆的，不会发生"热击穿"，而且其反向击穿后的特性曲线比较陡直，即反向电压基本不随反向电流变化而变化，这就是稳压二极管的稳压特性。

稳压二极管的主要参数如下所述。

① 稳定电压 U_Z：又称击穿电压，是稳压管正常工作时所加的反向电压。

② 稳定电流 I_Z：是稳压管正常工作时流过稳压管的电流。

③ 最小稳定电流 I_{ZK}：是稳压管进入正常稳压状态时所必需的起始电流，若小于此值，稳压管无法进入击穿状态，起不到稳压作用。

④ 最大稳定电流 I_{ZM}：是允许流过稳压管的最大工作电流。

使用稳压二极管时，一般要串联限流电阻，以确保工作电流不超过最大稳定电流 I_{ZM}。稳压二极管的 U–I 特性曲线和电路符号如图 3-3 所示。

（3）发光：一些特殊的半导体材料（如砷化镓等）制成的二极管，当加上工作电压时，可发出不同颜色的光。利用这一特点，可制作各种不同的发光二极管（LED）。

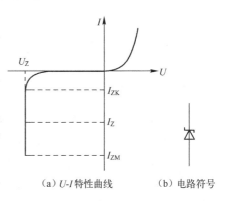

（a）U–I 特性曲线　　　（b）电路符号

图 3-3　稳压二极管的 U–I 特性曲线和电路符号

当 LED 正常工作时，其工作电流为 10~30mA，其正向工作电压为 1.5~3V。

二极管的用途还有检波、开关、变容等。

【想一想】

使用二极管时，应该注意哪些问题？稳压二极管正常使用时应处于何种偏置状态？

【知识拓展】二极管的识别方法

二极管的识别很简单。对于小功率二极管，在其外表大多用一个色圈标出 N 极（负极）；有些二极管也用二极管专用符号来表示 P 极（正极）或 N 极（负极），也有直接用字母"P"、"N"来表示极性的。LED 的正、负极可从引脚长短来识别，长脚为正极，短脚为负极。

3.2 半导体三极管

半导体三极管简称三极管，它有三个电极，其外形如图 3-4 所示。

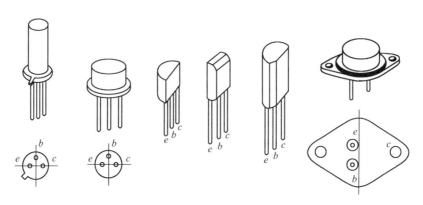

图 3-4 三极管的外形

3.2.1 三极管的结构和符号

1. 三极管的结构

三极管内部是由 P 型半导体和 N 型半导体组成的三层结构，根据分层次序的不同分为 NPN 型和 PNP 型两大类，如图 3-5（a）和（b）所示。

从三极管的 3 个导电区，分别引出 3 个电极，如图 3-5（a）和（b）所示。中间比较薄的一层为基区，引出的电极称为基极 B；另外两层分别为发射区和集电区，其中从发射区引出的电极称为发射极 E，从集电区引出的电极称为集电极 C。

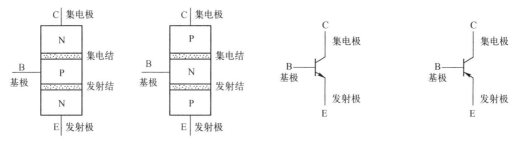

（a）NPN型三极管的结构　（b）PNP型三极管的结构　（c）NPN型三极管的电路符号　（d）PNP型三极管的电路符号

图 3-5 三极管的结构和电路符号

在三极管的三层结构中，还有两个 PN 结，分别称为发射结和集电结。

2. 三极管的电路符号

三极管的电路符号如图 3-5（c）和（d）所示，三极管符号中的箭头方向表示的是发射结的方向，它也表示发射结正向偏置时电流的方向，因此从这个箭头的方向就能判断三极管是 NPN 型的还是 PNP 型的。

3.2.2　三极管的电流放大作用

为了实现三极管的电流放大作用，还应具备一定的外部条件：三极管的发射结加正向偏置电压，集电结加反向偏置电压，如图 3-6 所示。

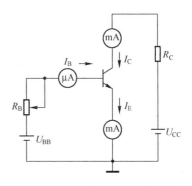

图 3-6　三极管电流放大原理图

经过大量实验，可以得出如下结论。

（1）三极管 3 个电极的电流满足如下关系：$I_E = I_C + I_B$，它们符合基尔霍夫电流定律。

（2）在这 3 个电流中，基极电流 I_B 很小，而集电极电流 I_C 与发射极电流 I_E 相差无几，可认为近似相等，$I_C \approx I_E$。

（3）对于一个确定的三极管，I_C 与 I_B 的比值基本不变，该比值称为共发射极直流电流放大系数，记作 $\bar{\beta}$，即 $\bar{\beta} = I_C / I_B$。

（4）基极电流的微小变化（ΔI_B）能引起集电极电流的很大变化（ΔI_C），这称为三极管的电流放大作用。ΔI_C 与 ΔI_B 的比值称为共发射极交流电流放大系数，记作 β，即 $\beta = \Delta I_C / \Delta I_B$。从测试数据中可以看出，$\beta \approx \bar{\beta}$，故在工程上 β 和 $\bar{\beta}$ 不必严格区分，估算时可以通用。

（5）$I_B = 0$ 时，I_C 有一个很小的电流，近似为零，此电流称为三极管的穿透电流，记作 I_{CEO}，对于锗管此值为 mA 级，对于硅管此值为 μA 级。

根据以上分析可以得知，I_E 是由 I_B 和 I_C 组成的，所谓电流放大并非是电流自行放大，而是集电极电流受基极电流的控制，基极一个小的电流变化，会引起集电极一个较大的电流变化，实现以弱控强。在三极管放大电路中，I_C 随 I_B 的变化而变化的过程，称为三极管的电流放大。由此可见，三极管是一种具有电流放大作用的半导体器件。

3.2.3　三极管的 *U-I* 特性曲线

1. 三极管的输入特性

在图 3-6 所示的电路中，I_B 所经过的回路称为输入回路，而在 U_{CE} 一定的条件下 I_B 与 U_{BE} 之间的关系称为三极管的输入特性。

三极管的输入特性曲线如图 3-7 所示。由图可见，三极管的输入特性是非线性的，它与二极管的正向特性很相似，也有一段死区（硅管的死区电压约为 0.5V，锗管的死区电压约为 0.1V）。当三极管正常工作时，三极管处于导通区，发射结电压降变化不大，此时发射结上所加的电压 U_{BE} 称为导通电压（硅管的导通电压约为 0.6~0.7V，锗管的导通电压约为 0.2~0.3V）。在导通区，I_B 随 U_{BE} 的变化而变化。由图 3-7 还可以看出，当 U_{CE} 增大时，曲线向右偏移，即 U_{BE} 略有增加，但当 $U_{CE} \geqslant 1V$ 时，曲线基本重合。

2. 三极管的输出特性

在图 3-6 所示的电路中，集电极电流 I_C 所经过的回路称为输出回路，而在 I_B 一定的条

件下 I_C 与 U_{CE} 之间的关系称为三极管的输出特性。对于不同的 I_B，可得到不同的曲线，所以三极管的输出特性是一组曲线。三极管的输出特性曲线如图 3-8 所示。

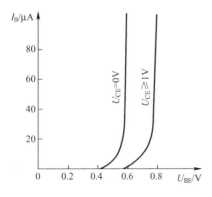

图 3-7　三极管的输入特性曲线

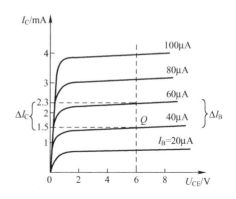

图 3-8　三极管的输出特性曲线

3. 三极管的工作状态

通常把输出特性曲线分成放大区、截止区和饱和区 3 个区域来进行分析。三极管的工作区域如图 3-9 所示。

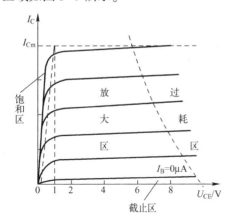

图 3-9　三极管的工作区域

（1）放大区：处于输出特性曲线水平部分，也就是输出特性曲线的 $I_B>0$ 和 $U_{CE}>1V$ 的区域。在放大区：若 I_B 不变，I_C 也基本不变；当 I_B 发生改变时，I_C 也随之变化。在图 3-8 中，当 I_B 由 40μA 增大到 60μA 时，I_C 也由 1.5mA 增大到 2.3mA。这表明 I_C 受 I_B 控制，且 $I_C \approx \beta I_B$。由此可见，在放大区三极管具有电流放大作用。由于在不同 I_B 下，电流放大系数近似相等，所以放大区也称线性区。三极管工作在放大区的条件是，发射结必须处于正向偏置，集电结则应处于反向偏置。

（2）截止区：即 $I_B = 0$ 的曲线以下的区域。此时三极管发射结处于反向偏置，由于发射结两端的电压小于死区电压，三极管的 $I_B = 0$，此时 $I_C = I_{CEO} \approx 0$，三极管处于截止状态，U_{CE} 近似等于集电极电源电压 U_{CC}。实际上，对硅管而言，当 $U_{BE}<0.5V$ 时就已经截止，但是为了使三极管可靠截止，常使 $U_{BE} \leqslant 0V$，此时发射结和集电结均处于反向偏置。

（3）饱和区：即输出特性曲线的陡直部分。此时三极管发射结处于正向偏置，集电结也处于正向偏置，三极管处于饱和状态。在饱和区，I_B 的变化对 I_C 的影响较小，$I_C \approx \beta I_B$ 的关系不再成立。三极管饱和时，其管压降 U_{CE} 称为饱和压降 U_{CES}，U_{CES} 很小，一般小功率的硅管的 U_{CES} 约为 0.3V，锗管的 U_{CES} 约为 0.1V。三极管处于饱和状态时，集电极电流记为 I_{CS}，称之为饱和电流，其值主要由外电路决定。

三极管在使用时通常有两类不同的方式：一种是三极管工作在放大状态，利用的是 I_B 对 I_C 的控制作用，这是模拟电子技术的应用；另一种是三极管工作在开关状态，即三极管在饱和与截止两个状态之间转换，三极管相当于一个受控开关，这是数字电子技术的应用。

3.2.4　三极管的主要参数

1. 共发射极交流电流放大系数 β 和共发射极直流电流放大系数 $\overline{\beta}$

ΔI_C 与 ΔI_B 的比值称为共发射极交流电流放大系数，记作 β；I_C 与 I_B 的比值称为共发射极直流电流放大系数，记作 $\overline{\beta}$。

2. 穿透电流 I_{CEO}

当 $I_B = 0$ 时，I_C 有一个很微小的电流，此电流称为三极管的穿透电流，记作 I_{CEO}。I_{CEO} 不受 I_B 的控制，它随温度变化而变化。I_{CEO} 的值越小，说明三极管性能越好。硅管的 I_{CEO} 远小于锗管，因此大多情况下都选用硅管。

3. 集电极最大允许电流 I_{CM}

三极管正常工作时，集电极所能允许通过的最大电流称为集电极最大允许电流，记作 I_{CM}。若工作时 I_C 超过 I_{CM}，三极管的 β 值将明显下降，性能变差，甚至有可能烧坏三极管。

4. 集电极最大允许功率损耗 P_{CM}

P_{CM} 是三极管最大允许平均功率，是 I_C 与 U_{CE} 乘积的允许最大值，若超过此值，三极管将过热而烧坏。因此，大功率三极管在正常使用时，要求加装散热片，这样才能安全使用。注意：使用三极管时，其工作点不得进入图 3-9 中所示的过耗区。

5. 反向击穿电压 $U_{(BR)CEO}$

三极管工作时，U_{CE} 应该小于此值，并应留有一定的裕量，以免击穿。另外，温度升高将使 $U_{(BR)CEO}$ 降低，因而要留有裕量。

3.3　晶闸管

3.3.1　普通晶闸管

晶闸管又称可控硅，它是一种大功率半导体器件。晶闸管具有容量大、效率高、控制方便、寿命长等优点，是大功率电能变换与控制的理想器件。晶闸管的种类很多，包括普通晶闸管、双向晶闸管、快速晶闸管等。本节介绍普通晶闸管。

1. 晶闸管的外形和结构

普通晶闸管（SCR）是由 PNPN 四层半导体材料构成的三端半导体器件，三个引出端分别为阳极 A、阴极 K 和门极 G。图 3-10 所示的是晶闸管的外形，图 3-11 所示的是其结构和电路符号。

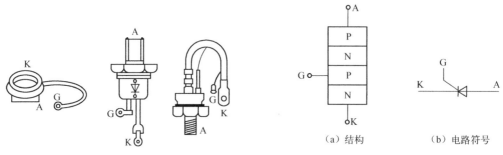

图 3-10　晶闸管的外形　　　　　　　　　图 3-11　晶闸管的结构和电路符号

（a）结构　　　　　（b）电路符号

2. 晶闸管可控单向导电性

在图 3-12（a）所示的电路中，晶闸管的阳极 A 接电源负端，阴极 K 接电源正端，这称为晶闸管的反向连接。此时，无论门极 G 所加电压是什么极性，晶闸管均处于阻断状态，灯泡不亮。

在图 3-12（b）所示的电路中，晶闸管的阳极 A 接电源正端，阴极 K 接电源负端，这称为晶闸管的正向连接。当门极 G 加上适当的正向触发电压时，晶闸管由阻断状态变为导通状态。此时，晶闸管阳极 A 与阴极 K 之间呈低阻导通状态，A 极与 K 极之间的电压降约为 1V。

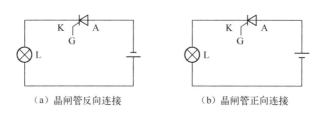

（a）晶闸管反向连接　　　　　（b）晶闸管正向连接

图 3-12　晶闸管单向导电性

普通晶闸管受触发导通后，即使其门极 G 失去触发电压，只要阳极 A 和阴极 K 之间仍保持正向电压，晶闸管将维持低阻导通状态；仅当阳极 A 与阴极 K 之间的电压不为正时，普通晶闸管才由低阻导通状态转换为高阻阻断状态。普通晶闸管一旦阻断，即使其阳极 A 与阴极 K 之间又重新加上正向电压，仍要在门极 G 与阴极 K 之间重新加上正向触发电压后方可导通。

由此得出晶闸管导通和关断的条件如下。

（1）导通条件：在晶闸管的阳极加上正向电压，同时在门极加上适当的正向触发电压，两者必须同时具备，缺一不可。

（2）关断条件：要使已导通的晶闸管关断，只有改变阳极电压极性或减小回路电流，即：在晶闸管的阳极加上反向电压；或暂时去掉阳极电压；或减小主回路电流 I，使 I 降到一定值以下。

普通晶闸管的导通/阻断状态相当于开关的闭合/断开状态，用它可以制成无触点电子开关，去控制直流电源电路。

3. 晶闸管的主要参数

（1）额定正向平均电流 I_F：是指在环境温度小于40℃和标准散热条件下，允许连续通过晶闸管阳极的工频（50Hz）正弦波半波电流平均值。

（2）维持电流 I_H：是指门极开路且在规定的环境温度下，晶闸管维持导通状态的最小阳极电流。当阳极电流 $I_A < I_H$ 时，晶闸管自动阻断。

（3）门极触发电压 U_G 和电流 I_G：是指在规定的环境温度及一定的正向电压（$U = 6V$）条件下，晶闸管从关断状态到完全导通所需的最小门极直流电压和电流。$U_G = 1 \sim 5V$，I_G 为数十到数百毫安。

（4）正向阻断峰值电压 U_{DRM}：是指门极开路，阳极和阴极加正向电压，晶闸管处于阻断状态，此时允许加到晶闸管上的正向电压最大值。当正向电压超过此值时，晶闸管即使不加触发电压也能从正向阻断状态转为导通状态。

（5）反向阻断峰值电压 U_{RRM}：是指门极开路，阳极和阴极间加反向电压使晶闸管处于阻断状态，允许加到晶闸管上的反向电压最大值。

3.3.2 双向晶闸管

双向晶闸管是由 N-P-N-P-N 五层半导体材料构成的，相当于两只普通晶闸管反相并联。对外，它也有 3 个电极，分别是主电极 T_1、主电极 T_2 和门极 G。图 3-13 所示为双向晶闸管的电路符号。

双向晶闸管可以双向导通，即门极加上或正或负的触发电压，均能触发双向晶闸管正、反两个方向导通，具体情况如下所述。

双向晶闸管的主电极 T_1 与主电极 T_2 之间，无论所加电压极性是正向的还是反向的，只要门极 G 和主电极 T_1（或 T_2）之间加有正、负极性不同的触发电压，满足其必要的触发电流，晶闸管即可触发导通呈低阻状态。此时，主电极 T_1、T_2 之间电压降约为 1V。而且双向晶闸管一旦导通，即使失去触发电压，也能继续维持导通状态。只有当主电极 T_1、T_2 电流减小至维持电流以下或 T_1、T_2 之间电压改变极性且无触发电压时，双向晶闸管才被阻断。若要双向晶闸管再次导通，只有重新施加触发电压才行。

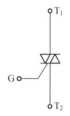

图 3-13 双向晶闸管的电路符号

3.4 实验与实训

3.4.1 二极管的识别与检测

1. 实验目的

☺ 学会识别常见二极管的种类。
☺ 掌握用数字万用表检测二极管的方法。

2. 实验器材

序　号	名　　称	规　格	数　量	备　　注
1	数字万用表		1个	
2	二极管		若干	

3. 实验内容及步骤

【知识加油站】

常见二极管有整流二极管、稳压二极管和发光二极管（LED）等。

整流二极管是一种用于将交流电转变为脉动直流电的半导体器件。图 3-14 所示为常见整流二极管实物图。

（a）小功率整流二极管　　（b）大功率整流二极管　　（c）整流桥堆

图 3-14　常见整流二极管实物图

稳压二极管又称齐纳二极管，简称稳压管，它是一种采用特殊工艺制造的面接触型硅二极管，在电路中能起到稳定电压的作用。图 3-15 所示为常见稳压二极管实物图。

（a）小功率稳压二极管　　　（b）大功率稳压二极管

图 3-15　常见稳压二极管实物图

发光二极管（LED）是一种将电能转换成光能的半导体器件。与普通二极管一样，LED 也是由 PN 结构成的；与普通二极管不同的是，LED 工作时可以发出红、绿、蓝、橙等不同颜色的光。LED 具有单向导电性，其内部采用磷化镓或磷砷化镓材料制作而成。图 3-16 所示为常见 LED 实物图。

图 3-16　常见 LED 实物图

本节以 1N4007 的整流二极管为例，介绍用数字万用表判别二极管极性和检测二极管单向导电性的方法。普通二极管上大多有负极标志，如图 3-17 所示。

图 3-17　普通二极管的极性

用数字万用表判断 1N4007 的极性时，首先要按下数字万用表的电源按钮，然后将功能/量程旋钮旋至 —▷|— 挡位，将红表笔插头插入 VΩ 插孔，将黑表笔插头插入 COM 插孔，如图 3-18 所示。将两支表笔测试头分别接二极管的两个引脚，若显示屏上只有最高位一直显示为 1，则说明此时黑表笔测试头所接触的是二极管的正极引脚，红表笔测试头所接触的是二极管的负极引脚，二极管处于反向截止状态，如图 3-18（a）所示；将两支表笔交换位置，若显示屏显示 555，则说明此时红表笔测试头所接触的是二极管的正极引脚，黑表笔测试头所接触的是二极管的负极引脚，二极管处于正向导通状态，正向导通压降为 555mV，如图 3-18（b）所示。不仅如此，这样的检测结果也表明该二极管的单向导电性良好。

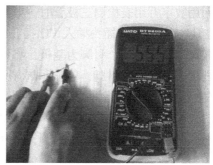

（a）二极管处于反向截止状态　　　　　　（b）二极管处于正向导通状态

图 3-18　二极管极性的判别

若用数字万用表测得的二极管正、反向电阻值很小（甚至为 0Ω），说明二极管已击穿，如图 3-19（a）所示；若用数字万用表测得的二极管正、反向电阻值均为无穷大，则说明二极管内部开路，如图 3-19（b）所示。

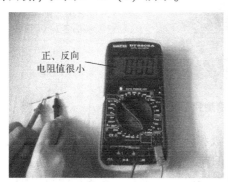
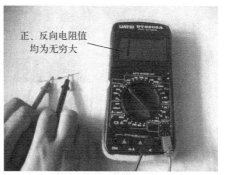

（a）二极管已击穿　　　　　　　　　　（b）二极管内部开路

图 3-19　二极管故障检测

3.4.2 三极管的检测

1. 实验目的

☺ 学会识别常见三极管的种类。

☺ 掌握用数字万用表检测三极管的方法。

2. 实验器材

序　号	名　　称	规　格	数　量	备　注
1	数字万用表		1个	
2	三极管		若干	

3. 实验内容及步骤

三极管的应用相当广泛，它是电源电路、功率电路、控制电路中的核心元器件。本节以 2SC9014 三极管（NPN 型硅管）为例，介绍利用数字万用表判别三极管的管型、引脚、性能状态。利用数字万用表检测三极管时，要按下数字万用表的电源开关，将功能/量程旋钮旋至—▷|—挡位，将红表笔插头插入 VΩ 插孔，将黑表笔插头插入 COM 插孔。

首先假设三极管的某个引脚为基极，将红表笔测试头与假设的基极连接，然后用黑表笔测试头分别接触其余两个引脚，若显示屏显示出正向导通压降值（NPN 型硅管的正向导通压降约为 700mV，PNP 型锗管的正向导通压降约为 300mV），说明假设成立，且能根据正向导通压降的大小判断出三极管管型，如图 3-20 所示；若显示屏上只有最高位一直显示为 1，说明假定不成立，应重新选择一个引脚，将其假设为基极后再次进行判别。

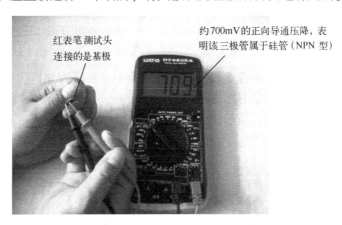

红表笔测试头连接的是基极

约700mV的正向导通压降，表明该三极管属于硅管（NPN 型）

图 3-20　三极管管型和基极的判别

管型和基极确定后，接下来需要判别发射极和集电极。将数字万用表两支表笔的测试头分别接在两个待判别的引脚上，这时显示屏上只有最高位一直显示为 1，如图 3-21（a）所示。然后，用拇指和食指捏紧黑表笔测试头和基极引脚（注意：不能将两个引脚短接），若显示屏上显示的数字变化较大，如图 3-21（b）所示，则可以判定与红表笔测试头连接的是集电极，与黑表笔测试头连接的是发射极；若显示屏最高位仍然一直显示为1，则应将红、黑表笔对调，按上述方法重新进行检测。

（a）最高位一直显示为1

（b）显示数字变化较大

图 3-21　三极管集电极和发射极的判别

说明

　　对于小功率插针式三极管，在判断出管型和基极后，也可以用数字万用表上的三极管插孔（hFE 挡位）来判别集电极和发射极。将三极管引脚插入 hFE 挡位对应的插孔后，显示屏上会显示出三极管的电流放大倍数。

　　确定三极管的管型和 3 个引脚极性后，可以通过测量三极管的集电极与基极、发射极与基极之间的正向导通电阻和反向截止电阻的方法来判断其质量。如果检测发现集电极与基极之间或发射极与基极之间的正向导通电阻和反向截止电阻都很小（甚至为 0Ω），说明对应的 PN 结已击穿；如果检测发现集电极与基极之间或发射极与基极之间的正向导通电阻和反向截止电阻均为无穷大，说明对应的 PN 结已开路。

【习题】

3.1　图 3-22 所示电路是白炽灯供电电路，试回答：

（1）当开关 S 接通 A 点时，白炽灯两端的电压是____；

（2）当开关 S 接通 B 点时，白炽灯两端的电压是____。

3.2　试判断图 3-23 中二极管是导通状态还是截止状态，并求出 A、O 两端电压 U_{AO}。设二极管为理想二极管。

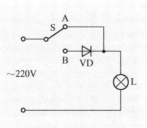
图 3-22　习题 3.1 图

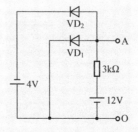
图 3-23　习题 3.2 图

3.3 在放大电路中测得各三极管电极的电位如图 3-24 所示，试判断各三极管的引脚类型及材料。

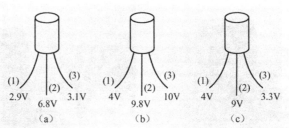

图 3-24 习题 3.3 图

3.4 接在电路中的 4 个三极管用电压表测出它们各电极的电位如图 3-25 所示，试判断各三极管分别工作在何种状态（放大、饱和、截止）。

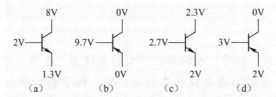

图 3-25 习题 3.4 图

3.5 三极管的输出特性根据其工作状态的不同分为哪几个区域？每个区域的特点是什么？

3.6 测得工作在放大电路中的 NPN 型三极管的三个电极的电压分别是：$U_1 = 3.5V$，$U_2 = 2.8V$，$U_3 = 15V$。

（1）判断该三极管是硅管还是锗管；

（2）确定该三极管的基极、集电极、发射极。

3.7 两个硅稳压管的稳定电压分别为 $U_{Z1} = 6V$，$U_{Z2} = 3.2V$，若将它们串联起来，则可以得到哪几种稳定电压？若将它们并联起来，情况会怎样？

第4章　放大电路及集成放大器

4.1　基本共发射极放大电路

4.1.1　电路组成

基本共发射极放大电路如图 4-1 所示。基本共发射极放大电路的组成如下所述。

三极管 VT 是放大电路的核心元器件，电路在工作时主要依靠三极管的电流放大作用来进行信号的放大。

电压源 U_{CC} 为电路提供所需电压。适当设置 R_B、R_C 的电阻值，可使三极管的发射结正偏、集电结反偏，保证三极管工作在放大区。图 4-1 中三极管采用 NPN 型管，如三极管采用 PNP 型管，则须采用 $-U_{CC}$ 的直流电源。

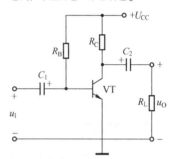

图 4-1　基本共发射极放大电路

R_B 是基极偏流电阻，改变 R_B 的电阻值，即可改变基极偏流 i_B 的大小，从而改变三极管的工作状态。若把 R_B 开路，$i_B=0$，三极管发射结处于截止状态，将导致放大器不能正常放大。

R_C 是集电极负载电阻，放大后的电流 i_C 流经 R_C，将电流的变化转变为 R_C 上电压的变化，从而引起 u_{CE} 的变化，这个变化电压就是输出电压 u_0。

C_1 和 C_2 是耦合电容，它们分别接在放大电路的输入端和输出端，利用电容对交流信号的阻抗很小的特点进行信号的传输，以实现耦合；同时，利用电容对直流信号的阻抗很大的特点来隔断直流，从而避免信号源与放大电路之间、放大电路与负载之间直流电流的相互影响。因此，耦合电容的作用是"隔直通交"。

4.1.2　电路的工作原理

为便于分析，对电路中的变量符号做如下规定：直流分量用大写字母、大写下标表示，如 I_B、U_{BE}；交流分量用小写字母、小写下标表示，如 i_b、u_{be}；总变量是交流分量叠加在直流分量上，用小写字母、大写下标表示，如 i_B、u_{BE}。

1. 电路的静态

放大器未加输入信号（即 $u_I=0$）时，电路的工作状态称为静态。这时，电路中没有变化量，电路中的电压、电流都是直流分量，如图 4-2 所示。此时，直流分量 I_B、I_C、U_{CE} 的值在晶体管输出特性曲线上所对应的点称为放大电路的静态工作点，简称 Q 点。此时，相应的直流分量分别用 I_{BQ}、U_{BEQ}、I_{CQ}、U_{CEQ} 来表示。

由此可见，要分析计算放大电路的静态工作点所对应的 I_{BQ}、I_{CQ}、U_{CEQ}，就应先绘出放大电路的直流通路。直流通路是放大电路中直流分量通过的路径。由于电容具有隔断直流的作用，因此绘制直流通路时电容相当于开路。图 4-3 所示为图 4-1 所示放大电路的直流通路。

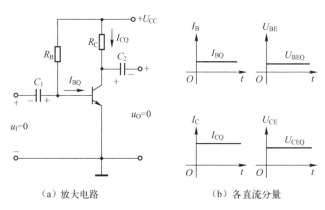

（a）放大电路　　　　　　（b）各直流分量

图 4-2　基本共发射极放大电路静态工作情况

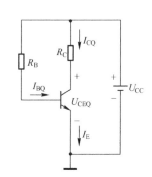

图 4-3　基本共发射极放大电路的
直流通路

2. 电路的动态

当放大器输入端施加信号时，电路的工作状态称为动态。这时，输入信号 u_I 叠加在 U_{BE} 上，形成了既有直流分量又有交流分量的总变量：$u_{BE} = U_{BE} + u_I$。基极电流也随之发生变化，基极电流总变量：$i_B = I_B + i_b$。i_b 是由 u_I 引起的基极电流的交流分量；经过三极管放大后，得到集电极电流交流分量 i_c，集电极电流的总变量：$i_C = I_C + i_c$。

基本共发射极放大电路动态工作情况如图 4-4 所示。

为了分析放大电路的动态工作情况，计算放大电路的放大倍数，应绘出交流通路。交流通路是放大电路中交流电流通过的路径。对于频率较高的交流信号，电容相当于短路；同时一般直流电源的内阻很小，对交流信号来说，直流电源可视为短路。图 4-5 所示为图 4-4 所示放大电路的交流通路。

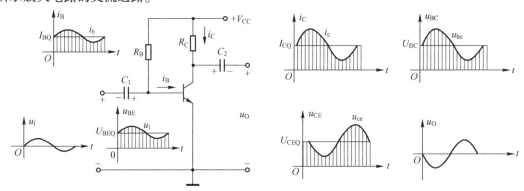

图 4-4　基本共发射极放大电路动态工作情况

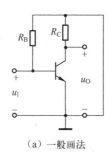
（a）一般画法

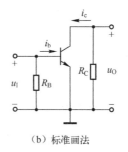
（b）标准画法

图 4-5　基本共发射极放大电路的交流通路

综上所述，放大电路中各点间的电压、各支路中的电流，都是直流分量与交流分量叠加的结果。直流分量即静态工作点，是放大电路的基础；交流分量是由输入信号产生的，是放大电路工作的目的。交流分量是"驮载"在直流分量上进行放大的。因此，静态工作点的设置是否合理，将直接影响放大电路能否正常工作。

3. 静态工作点的稳定

三极管的温度稳定性较差，它的性能参数很容易受环境温度的影响。当环境温度变化时，由于三极管的 β、I_{CEQ} 变化等原因，导致 I_C 发生变化，这样已经设置好的静态工作点在温度变化时将发生变化，导致信号出现失真。更换三极管时，也会导致信号出现失真。

在图 4-1 所示的基本共发射极放大电路中，它的基极偏置电阻一经选定，I_{BQ} 也随之成为恒定值，因此这种电路也称固定偏置电路。当温度升高时，β 增大、I_{CEQ} 增大，使得 I_{CQ} 增大、U_{CE} 下降，从而使静态工作点发生改变，电路处于不稳定状态，甚至导致信号失真。因此要使 u_o 波形稳定不失真，就要稳定放大电路的静态工作点；而稳定静态工作点，首先要稳定 I_{CQ} 的值。

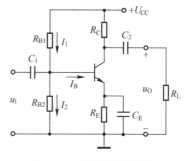

图 4-6　分压式偏置共发
射极放大电路

图 4-6 所示为分压式偏置共发射极放大电路，其基极电压主要由 R_{B1} 和 R_{B2} 分压产生。这种电路在电子技术中应用广泛，该电路有以下两个特点。

（1）利用电阻 R_{B1} 和 R_{B2} 分压来稳定基极电位。通常，由于 I_{BQ} 很小，且有 $I_1 \gg I_{BQ}$，故 $I_1 \approx I_2$。这样，基极电位 $U_B \approx U_{CC} R_{B2}/(R_{B1}+R_{B2})$。也就是说，$U_B$ 是由 U_{CC} 经 R_{B1} 和 R_{B2} 分压决定的，故不随温度变化而变化。

（2）利用发射极电阻 R_E 来获得反映 I_E 变化的信号，反馈到输入端，实现静态工作点的稳定。其过程为：

$$温度\ t \uparrow \rightarrow I_C \uparrow \rightarrow I_E \uparrow \rightarrow U_E(=I_E R_E) \uparrow \rightarrow U_{BE}(=U_B-I_E R_E) \downarrow \rightarrow I_B \downarrow$$
$$I_C \downarrow \longleftarrow$$

通常 $U_B \gg U_{BE}$，所以发射极电流为

$$I_E = \frac{U_B - U_{BE}}{R_E} \approx \frac{U_B}{R_E} = \frac{U_{CC} \times R_{B2}}{R_E(R_{B1}+R_{B2})}$$

根据 $I_1 \gg I_2$ 和 $U_B \gg U_{BE}$ 两个条件得到上式，从中可以看出，I_E 仅取决于电源电压以及基极和发射极偏置电阻，因而 I_E 是稳定的，而 $I_C \approx I_E$，故 I_C 也是稳定的。

从以上分析可以得知，U_B 和 I_C 是稳定的，基本上不随温度变化而变化，而且也基本上与三极管的参数 β 无关。

4.1.3 放大电路的非线性失真

若放大电路的静态工作点设置不当，输出信号将会出现失真。这种失真是由于三极管的非线性所造成的，因而称为非线性失真。非线性失真有截止失真和饱和失真。

1. 截止失真

如图 4-7 所示，若静态工作点设置得太低，即 I_{BQ}、I_{CQ} 太小，输入信号叠加在直流量上后，负半周仍有一部分处在发射结的死区或仍使发射结处于反偏，此时三极管处于截止状态，这样 i_B、i_C、u_{CE} 的负半周被削去，反相后 u_{CE} 和 u_O 的正半周被削去，这种失真是由于三极管的发射结截止所造成的，故称之为截止失真。

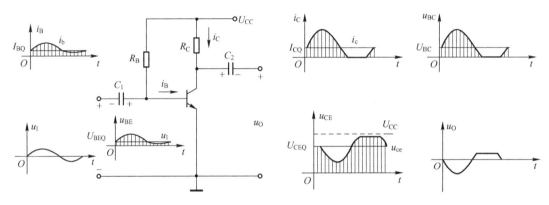

图 4-7 放大电路的截止失真

要消除截止失真，应该减小 R_B，使 I_{BQ} 增大，提升 Q 点，以此提高直流分量，让 i_B 的负半周脱离三极管的截止区，使三极管工作在放大区。

2. 饱和失真

若静态工作点设置得太高，即 I_{BQ}、I_{CQ} 太大，会使三极管进入饱和状态。如图 4-8 所示，放大后的 i_C 已经超出了三极管饱和时的集电极电流。

由于 $I_C = (U_{CC} - U_{CE})/R_C$，当三极管饱和时，若忽略三极管的饱和压降 U_{CES}，可以看出：$I_{CS} = U_{CC}/R_C$。因此，i_C 正半周的顶部被削去，与此相应 u_{BC} 的正半周也被削去，反相后 u_{CE} 和 u_O 的负半周被削去，这种失真是由于三极管饱和所造成的，故称之为饱和失真。

要消除饱和失真，应增大 R_B，使 I_{BQ} 减小，降低 Q 点，以此降低直流分量，让 i_C 的正半周脱离三极管的饱和区，使三极管工作在放大区。

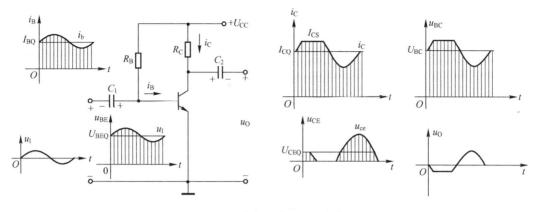

图 4-8　放大电路的饱和失真

【知识拓展】三极管放大电路的实际应用

　　三极管放大电路有比较广泛的应用。例如，光电检测与控制电路如图4-9所示。电路参数为：$R_{B1} = 1k\Omega$，$R_{B2} = 4.3k\Omega$，$R_C = 5.1k\Omega$，$R_{RP} = 200\Omega$，$U_{CC} = 10V$。其中，VT_1是光电三极管，当没有光照时，VT_1截止，电阻大，VT_2截止，无电流流过电流表；当有光照时，VT_1导通，电阻小，VT_2导通，有电流流过电流表。这样就把光的强弱转换成电流的大小。光电检测与控制电路可作为探测器。

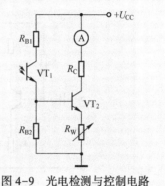

图 4-9　光电检测与控制电路

4.2　多级放大电路和反馈放大电路

4.2.1　多级放大电路

　　放大器的输入信号往往都很微弱，一般为毫伏级或微伏级。为了推动负载工作，要用多级放大电路对微弱信号进行连续放大。多级放大电路的组成如图4-10所示。

　　输入级直接连接信号源，通常要求它的输入电阻高一些。输入级和中间级的任务是电压放大。中间级根据需要可以是多级的电压放大电路，将微弱的输入电压放大到足够的幅度。输出级用于功率放大，向负载输出所需的功率。

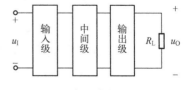

图 4-10　多级放大电路的组成

　　在多级放大电路中，相邻两个单级放大电路之间的连接称为耦合。常用的耦合方式有阻容耦合、直接耦合、光耦合和变压器耦合，但变压器耦合的应用很少。

1. 阻容耦合

前级通过耦合电容与后级输入电阻连接，把信号传输到后级的耦合方式，称为阻容耦合，如图 4-11（a）所示。电容在此起到隔直作用，可把前、后级的直流分量隔开，从而使各级的静态工作点相互间没有影响，所以各级放大电路的静态工作点可以单独计算。耦合电容对交流信号的容抗必须很小，以便把前级输出信号几乎无损地传送到后级。因此，耦合电容的容量一般相对较大，大多采用电解电容。

2. 直接耦合

不经过电抗元件，把前级与后级直接连接起来的耦合方式称为直接耦合，如图 4-11（b）所示。由于是直接连接，各级的直流通路相互连通，因此各级静态工作点相互关联，相互牵制，使调整发生困难。但直接耦合放大电路不仅能放大交流信号，也能放大直流信号或缓慢变化的信号。在集成电路中，因无法制作大容量的耦合电容，往往采用直接耦合方式。

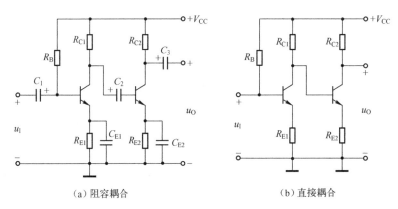

（a）阻容耦合　　　　　　　　　（b）直接耦合

图 4-11　多级放大电路的两种耦合方式

3. 多级放大器的输入电阻和输出电阻

多级放大器的输入电阻为第一级的输入电阻，即 $R_I = R_{I1}$。多级放大器的输出电阻为最后一级的输出电阻，即 $R_0 = R_{0n}$。

4. 多级放大器的放大倍数

多级放大器把第 1 级的输出信号作为第 2 级的输入信号进行再次放大，这样依次逐级放大后，总的电压放大倍数将为各级放大倍数的乘积，即

$$A_u = A_{u1} \cdot A_{u2} \cdot A_{u3} \cdots A_{un}$$

4.2.2　放大电路中的负反馈

1. 反馈的基本概念

在基本放大电路中，信号从输入端进入放大器，经放大后从输出端输出，信号为单方向

的正向传送。如果将输出量（电压或电流）的一部分或全部，反方向送回输入端，这种反向传输信号的过程称为反馈。

在图 4-12（a）所示的两级放大电路中，第 1 级的输出信号作为第 2 级的输入信号，信号仅从输入端向输出端正向传送，不存在反馈支路，这种情况称为开环状态。

如图 4-12（b）所示，在输出 u_0 的正端与 K 点之间增加了连接电阻 R_F，该电路除了从输入端向输出端正向传送信号，还有从输出端向输入端反向传送信号，即从输出端到输入端有一个反馈支路 R_F，所以存在反馈，这种情况称为闭环状态。

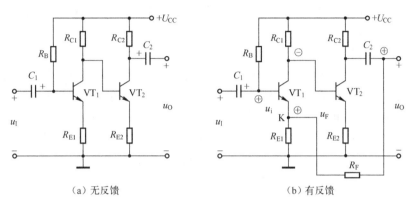

（a）无反馈 　　　　　　　　　　　　　　　（b）有反馈

图 4-12　放大电路是否存在反馈

2. 反馈放大电路的组成

由以上分析可知，反馈放大电路是由两部分组成的，如图 4-13 所示。图中，A 是基本放大电路，F 是反馈电路，构成一个闭环系统。这里 X 可以表示电压，也可以表示电流。其中，X_I 是输入信号，X_O 是输出信号，X_F 是反馈信号，X_I' 是输入信号与输出信号叠加后的净输入信号。如果反馈量起到加强输入信号的作用，使净输入信号增加，即 $X_I' = X_I + X_F$，这种反馈称为正反馈；如果反馈量起到削弱 图 4-13　负反馈放大电路框图 输入信号的作用，使净输入信号减小，即 $X_I' = X_I - X_F$，这种反馈称为负反馈。

3. 反馈放大电路的类型

（1）反馈极性：反馈使放大电路的净输入量得到增强的是正反馈，反馈使放大电路的净输入量减弱的则是负反馈。通常采用"瞬时极性法"来判断反馈的极性。

（2）交流反馈和直流反馈：在放大电路处理的信号中存在直流分量和交流分量，如果反馈回来的信号是交流分量，则是交流反馈；若反馈回来的信号是直流分量，则是直流反馈。

（3）电压反馈和电流反馈：反馈信号是从输出端取样的。如果反馈支路的取样对象是输出电压，则称为电压反馈；如果反馈支路的取样对象是输出电流，则称为电流反馈。

（4）串联反馈和并联反馈：根据反馈在输入端的连接方法，可分为串联反馈和并联反馈。如果反馈信号与输入信号是串联关系的，该反馈是串联反馈；如果反馈信号与输入信号是并联关系的，则该反馈是并联反馈。

4. 负反馈放大电路的特性

1）提高放大倍数的稳定性

负反馈放大电路的放大倍数稳定性的提高，是以减小放大倍数为代价的。在图 4-13 所示的负反馈放大电路框图中，在输入量 X_I 一定的情况下，若输出量 X_O 有所增加，反馈量 X_F 也相应增大，削弱了输入量，使放大电路的净输入量 X_I' 减小，则输出量 X_O 将减小。反之，若输出量 X_O 有所减小，反馈量 X_F 也相应减小，使放大器的净输入量 X_I' 增大，则输出量 X_O 将增大。这样，电路趋于稳定，但电路的放大倍数下降了；负反馈越深，放大倍数降低越多，然而放大器工作却更加稳定。

2）减小放大电路的非线性失真

由于三极管是非线性器件，因此放大电路的静态工作点如果选得不合适，输出信号波形将产生饱和失真或截止失真，即非线性失真。这种失真可以利用负反馈来得到改善，其原理是利用负反馈造成一个预失真的波形来进行矫正。如图 4-14（a）所示，放大电路无负反馈，输入为正常的信号波形，由于电路元件的非线性，可能使输出波形正半周幅度大，负半周幅度小，从而出现了失真。在图 4-14（b）中，放大电路引入了负反馈，如果由于某种原因，使输出信号正半周幅度大，负半周幅度小，其反馈信号波形也是正半周幅度大，负半周幅度小。负反馈支路将它送到输入回路，由于净输入信号 $u_I' = u_I - u_F$，则正半周削弱得多一些，负半周削弱得少一些，使得净输入信号正半周小，负半周大，与无反馈时的输出波形正好相反，从而使输出波形失真获得补偿。

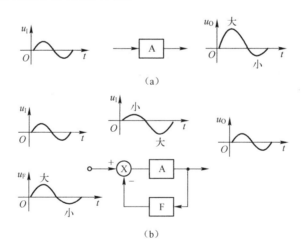

图 4-14　减小放大电路的非线性失真

同样道理，负反馈可以减小由于放大电路本身所产生的干扰和噪声。

3）展宽放大电路的通频带

放大电路要放大的信号往往不是单一频率的信号，而是一段频率范围的信号。例如，广播中的音乐信号，其频率范围通常在数十赫兹到 20 千赫兹之间。但因放大电路中一般都有电抗元件（如电容、电感），它们在各种频率下的电抗值是不相同的，所以使得放大电路对不同频率的信号的放大效果也是不相同的。

我们把放大电路对不同频率正弦信号的放大效果称为放大电路的频率响应，其中放大倍数与频率之间的关系称为幅频特性。在阻容耦合放大电路中，由于耦合电容对信号的容抗随频率降低而增大，因此信号在低频段的放大倍数减小，信号衰减了；而在高频段，由于三极管的结电容和电路存在的分布电容在高频区容抗较小，对信号的分流作用增大，使放大倍数减小，信号也衰减了。

阻容耦合放大电路的幅频特性如图 4-15 所示。我们规定：当放大倍数下降 $0.303A_{um}$ 时，所对应的两个频率，分别称为下限频率 f_L 和上限频率 f_H；在这两个频率之间的频率范围称为放大电路的通频带，用 BW 表示，即 $BW = f_H - f_L$，通频带越宽，表示放大电路工作的频率范围越宽。

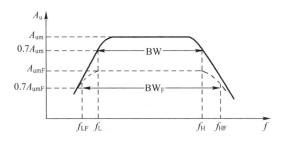

图 4-15　阻容耦合放大电路的幅频特性

利用负反馈展宽放大电路通频带的原理是：中频段的电压放大倍数 A_{um} 较大，则输出电压 u_0 也较大，那么反馈电压 u_F 也较大，这样净输入电压 u_i' 大大减小，从而使反馈后的放大倍数 A_{umF} 大大减小。而低频段和高频段的电压放大倍数 A_u 较小，输出电压 u_0 较小，反馈电压 u_F 也较小，这样使净输入电压 u_i' 减小不多，从而使反馈后的 A_{uF} 减小较小。加入负反馈后的幅频特性如图 4-15 中虚线所示。由图 4-15 可见，加入负反馈后，虽然各种频率的信号放大倍数都有下降，但通频带却加宽了。

4）改变输入电阻和输出电阻

（1）改变输入电阻：凡是串联负反馈，因反馈信号与输入信号串联，故使输入电阻增大；凡是并联负反馈，因反馈信号与输入信号并联，故使输入电阻减小。

（2）改变输出电阻：凡是电压负反馈，因具有稳定输出电压的作用，使其接近于恒压源，故使输出电阻减小；凡是电流负反馈，因具有稳定输出电流的作用，使其接近于恒流源，故使输出电阻增大。

综上所述，负反馈使放大电路的放大倍数减小，但使放大电路的其他性能得到改善；而正反馈使放大电路的放大倍数增大，利用这一特性可组成振荡电路。

4.2.3　正弦波振荡电路

不需要外加输入信号，能够自行产生特定频率的交流输出信号，从而将电源的直流电能转换成交流电能输出，这种电路称为自激振荡电路。自激振荡电路中的正弦波振荡电路在自动控制、仪器仪表、广播通信等领域有着广泛的应用，实验室中所用的低频信号发生器就是一种正弦波振荡电路的实例。

1. 自激振荡

如图 4-16 所示，如果在基本放大器中引入正反馈，则 u_0 越来越大。既然如此，干脆把

输入信号 u_1 去掉，用反馈信号 u_F 代替输入信号，即在没有输入信号的情况下也能保持一定的输出信号幅度，这就是自激振荡器。

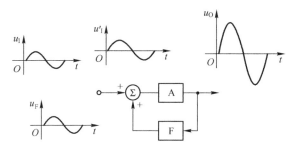

图 4-16　正反馈放大电路框图

因此，产生自激振荡必须同时满足以下两个基本条件。

（1）相位平衡条件：u_F 与 u'_I 必须同相位，也就是要有正反馈。

（2）幅值平衡条件：即 u_F 与 u'_I 的值相等。

在自激振荡的两个基本条件中，最关键的是相位平衡条件，如果放大电路不满足正反馈要求，则肯定不会产生振荡。至于幅值条件，可以在满足相位条件后，通过调节电路参数来达到。因此，自激振荡实际上是一个无须输入信号且具有足够强的正反馈的放大电路。

从振荡条件分析中可以看到，振荡电路是由放大电路和反馈网络两大主要部分组成的一个闭环系统。另外，为了得到单一频率的正弦波，电路还必须具有选频特性，即只使某一特定频率的正弦波满足自激振荡条件，所以电路中还应包含选频网络。

根据选频网络的不同，正弦波振荡电路可分为 LC 振荡器、RC 振荡器及石英晶体振荡器。

2. LC 振荡器

LC 振荡器有变压器反馈式和三点式 LC 两类，其中三点式 LC 振荡器又根据其反馈网络的不同分为电感式和电容式两种。图 4-17 所示为三种 LC 振荡器。

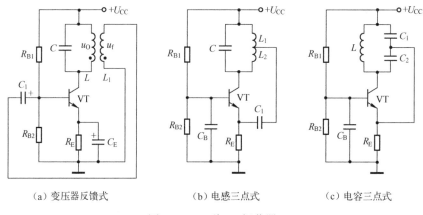

（a）变压器反馈式　　　　　（b）电感三点式　　　　　（c）电容三点式

图 4-17　三种 LC 振荡器

3. RC 振荡器

图 4-18 所示的电路即为 RC 振荡器。它由两部分组成，虚线框内是一个两级电压串联负反馈放大电路，它有足够大的稳定的放大倍数，以满足自激振荡的幅值条件。由于放大电路是由两级共发射极放大电路组成，因此其输出电压 u_O 与输入电压 u_1 的相位相同，满足放大电路正反馈的需要。虚线框左侧 R_1、C_1 和 R_2、C_2 构成串并联网络，且 $R_1 = R_2$、$C_1 = C_2$。网络的谐振频率为 f_0。这个网络具有选频特性。

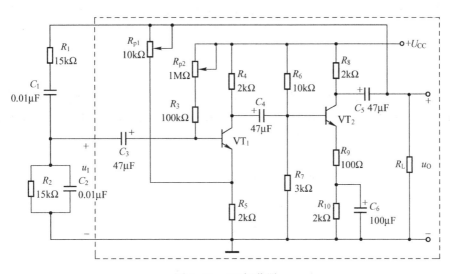

图 4-18 RC 振荡器

4. 石英晶体振荡器

石英晶体振荡器是利用石英晶体（SiO_2 结晶体）的压电效应制成的一种谐振器件，它的基本构成大致是：从一块石英晶体上按一定方位角切下薄片（简称晶片），在它的两个对应面上涂敷银层作为电极，在每个电极上各焊一根引线接到引脚上，再加上封装外壳，就构成了石英晶体谐振器（简称石英晶体或晶体、晶振）。石英晶体谐振器一般用金属外壳封装，也有用玻璃壳、陶瓷或塑料封装的。石英晶体谐振器是石英晶体振荡器的核心元件，其外形、结构和电路符号如图 4-19 所示。

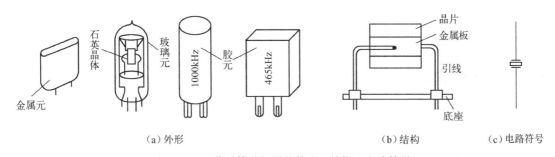

（a）外形　　　　　　　　　　　（b）结构　　　　（c）电路符号

图 4-19 石英晶体谐振器的外形、结构和电路符号

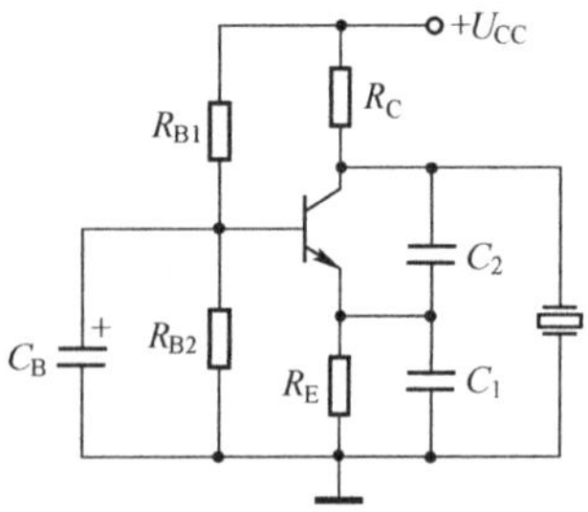

图 4-20　石英晶体振荡器

在石英晶体谐振器的两个电极加上交变电压，晶体将产生机械形变振动，而这一振动又会产生交变电场，这种现象称为压电效应。通常这种振动的振幅都很小，但当外加交变电压的频率正好等于石英晶体的固有频率时，振幅会突然加大，这种现象称为谐振。因此，石英晶体谐振器可等效为一个 LC 谐振电路，与其他元件组合即可构成石英晶体振荡器，如图 4-20 所示。

石英晶体振荡器的突出优点是振荡频率非常稳定，常用于电子钟、精确计时仪器和通信设备上。

【知识拓展】实用门铃电路

图 4-21 所示的是一种能发出“叮咚”声的门铃电路。它是利用一个时基集成电路和外围元件组成的。它的音质优美逼真，安装调试简单容易，成本较低，耗电量较低（一节 6V 叠层电池可用 3 个月以上）。

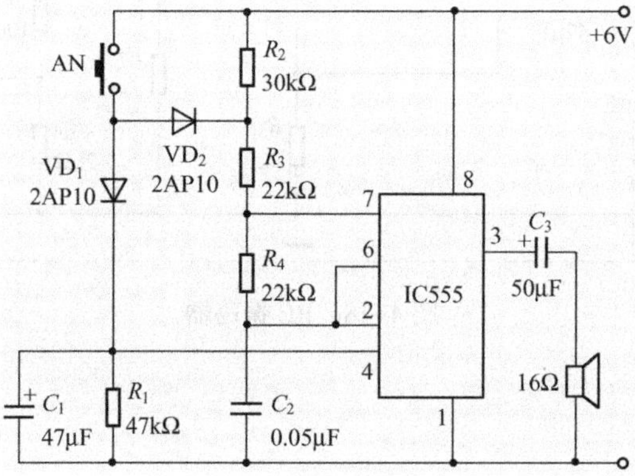

图 4-21　叮咚门铃电路

图 4-21 中的 IC555 便是时基集成电路，即无稳态多谐振荡器。按下按钮 AN（装在门上），振荡器振荡，振荡频率约为 700Hz，扬声器发出“叮”的声音。与此同时，电源通过二极管 VD_1 给 C_1 充电。放开按钮时，C_1 便通过 R_1 放电，维持振荡。但由于 AN 的断开，R_2 被串接到电路中，使振荡频率有所改变，约为 500Hz，扬声器发出“咚”的声音。直到 C_1 放电到不能维持 555 振荡为止。“咚”声的长短可通过改变 C_1 的数值来改变。

4.3　功率放大器

4.3.1　概述

通常，电子设备采用多级放大电路来完成信号的放大，其中最后一级总是用来推动负载工作的。例如，使扬声器发出悦耳动听的声音，使电动机旋转，使继电器吸合，使仪表指针偏转等。因此要求电子设备输出功率足够大，即不仅要向负载提供足够大的信号电压，而且要向负载提供足够大的信号电流。这种以供给负载足够大的信号功率为目的的放大电路称为功率放大器。

1. 功率放大器的特点

功率放大器的主要任务是放大信号的功率，它的输入/输出电压和电流都较大，通常放大器是在大信号状态下工作的。因此，一个性能良好的功率放大器应具备以下特点。

（1）有足够的输出功率。为了获得大功率输出，功率放大器往往工作在接近极限状态。

（2）电路效率高。由于功率放大器输出功率大，所以电源消耗的功率也大。所谓效率高，也就是负载得到的有用信号功率与电源供给的直流功率的比值大。

（3）信号失真小。由于功率放大器是在大信号下工作的，不可避免地会进入三极管特性曲线的非线性区，从而引起非线性失真，且输出功率越大，非线性失真越严重。但是，针对不同的应用场合，对非线性失真的要求也有所不同，应视具体情况而定。

（4）电路的散热性能好。由于有相当大的功率消耗在功率放大器的集电极上，使结温和管壳温度升高，因此功率放大器必须具有良好的散热条件，以保证功率放大器输出足够大的功率。

2. 功率放大器的分类

（1）功率放大器按工作方式的不同可分为甲类放大、乙类放大和甲乙类放大三种。

在输入信号的整个周期内都使三极管产生信号电流的工作方式称为甲类放大。例如，前面介绍的电压放大器就是甲类放大。而输入信号仅在半个周期内使三极管产生信号电流的工作方式称为乙类放大。

甲类放大由于功率放大器始终导通，静态工作点比较适中，因此失真很小，但其缺点是耗电多、效率低（在理想情况下效率仅为50%）。乙类放大由于功率放大器只在半个周期内导通，因此耗电少、效率高（在理想情况下效率可达78.5%），但其失真很严重，必须构建相应的电路方可正常工作。

（2）功率放大器按电路形式的不同可分为单管功率放大器、变压器耦合功率放大器和互补推挽功率放大器3种。

4.3.2 射极输出器

射极输出器的电路如图4-22（a）所示，因其输出电压是直接从发射极引出的，故称为射极输出器，又名射极跟随器。

射极输出器的交流通路如图4-22（b）所示。由图可见，集电极是输入回路与输出回路的共同端点，因此射极输出器是共集电极放大电路。

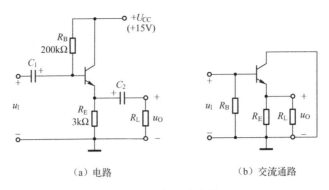

（a）电路　　　　　　　　　　　　（b）交流通路

图 4-22　射极输出器

4.3.3　互补推挽功率放大器

无输出电容的功率放大器（OCL）是常见的互补推挽功率放大器之一。

1. 电路结构

OCL 电路如图 4-23（a）所示。OCL 采用双电源供电方式，VT_1 采用 NPN 型管，VT_2 采用 PNP 型管，要求两管的特性相同。由图 4-23（a）可见，两个三极管的基极与基极相连，发射极与发射极相连，信号由基极输入，由发射极输出，负载接在发射极上，所以它是由两个射极输出器组合而成的。

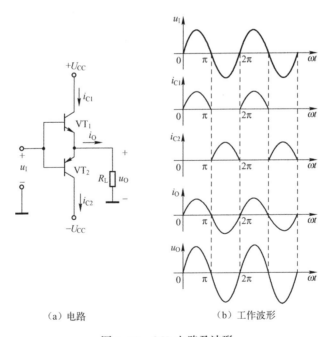

（a）电路　　　　　　　　　　　　（b）工作波形

图 4-23　OCL 电路及波形

2. 电路工作原理

（1）静态时：由于两个三极管均无直流偏置，故 $I_B = 0$，两个三极管均处于截止状态，集电极静态电流 $I_C = 0$，因此放大电路处于乙类放大状态。放大器不放大信号时，没有功耗，有利于提高效率。

（2）动态时：在 u_1 的正半周期内（$0 < \omega t < \pi$），NPN 型管 VT_1 因发射结正偏而导通，PNP 型管 VT_2 因发射结反偏而截止。这时 i_{C1} 自电源 U_{CC} 流经 VT_1、R_L 到地，产生输出电压的正半周波形。在 u_1 的负半周期内（$\pi < \omega t < 2\pi$），情况正好相反，VT_1 截止，VT_2 导通，这时 i_{C2} 自地流经 R_L、VT_2 到 $-U_{CC}$，产生输出电压的负半周波形，如图 4-23（b）所示。

由此可见，每一个三极管都工作在乙类状态，即 VT_1、VT_2 都只有半个周期导通，但由于在输入信号的整个周期中，它们交替轮流导通，一个"推"、一个"拉"，互相补充，结果在负载 R_L 上合成一个完整的信号波形，因此称之为互补推挽功率放大器。

4.4　集成运算放大器

4.4.1　差动放大电路

1. 直流放大器中的零点漂移

集成电路内部多采用直流放大器，这是一种直接耦合的多级放大电路。普通的电压放大电路由于受外界因素的影响（如温度的变化、电源电压的波动、晶体管参数的变化等），将引起放大电路中各级静态工作点发生变化。而静态工作点的变化又将直接耦合传送到下一级并被放大，尤其是第一级的静态电位的变化，经过逐级放大，直到输出级。这样，即使在输入信号 u_1 为零的情况下，在输出端仍有较大的输出电压 u_0，这种输入为零而输出却不为零的现象称为零点漂移（简称零漂）。当零漂严重时，有可能淹没需要放大的有用信号，因此需要对其进行抑制。有效抑制零漂的方法是采用差动放大电路。

2. 差动放大电路抑制零漂的基本原理

图 4-24 所示的是一个基本差动放大电路。理想的基本差动放大电路是由两个完全对称的单管放大电路组合而成的，其输出电压 U_0 从两个三极管的集电极之间取出，即

$$U_0 = U_{C1} - U_{C2}$$

式中，$U_{C1} = U_{CC} - I_{C1}R_C$，$U_{C2} = U_{CC} - I_{C2}R_C$。

（1）静态：此时 $U_1 = 0$。因电路完全对称，所以此时 $U_{C1} = U_{C2}$，$U_0 = U_{C1} - U_{C2} = 0$，实现了零输入时零输出的要求。

（2）动态：当输入电压为 U_1 时，输出电压为 U_0：

$$U_0 = U_{C1} - U_{C2}$$

当外界因素发生变化时，VT_1 和 VT_2 的静态值同时发生漂移。因差动放大电路中的两个单管放大电路完全对称，所以由温度变化、电源电压波动等因素导致的两个单管放大电路参

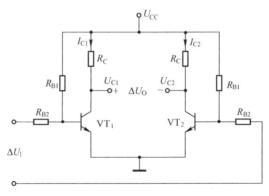

图 4-24　基本差动放大电路

数的变化也完全相同。例如，当温度变化或电源电压波动时，因差动放大电路完全对称，I_{C1} 和 I_{C2} 的增大或减小相同（$I'_{C1} = I_{C1} + \Delta I_C$，$I'_{C2} = I_{C2} + \Delta I_C$），所以 U_{C1} 和 U_{C2} 的下降或升高也相同（$U'_{C1} = U_{C1} + \Delta U_C$，$U'_{C2} = U_{C2} + \Delta U_C$），此时输出电压变为 U'_O：

$$U'_O = U'_{C1} - U'_{C2} = (U_{C1} + \Delta U_C) - (U_{C2} + \Delta U_C) = U_{C1} - U_{C2} = U_O$$

由此可见，输出电压并未发生改变。

以上讨论的是理想差动放大电路的工作状态，实际的差动放大电路无法保证其完全对称，只能达到近似对称的水平。显然，实际的差动放大电路的对称性越好，其温漂、零漂等抑制得也越好。

4.4.2　集成运算放大器的组成、结构、主要参数及工作特点

集成运算放大器实际上是一种放大倍数很高、直接耦合的集成放大电路，简称集成运放。集成运放最初作为运算放大电路用于模拟计算机中。由于在集成运放的输入端和输出端之间外加不同的网络即可组成具有各种功能、不同用途的电路，因此集成运放已广泛应用在工业自动控制、精密检测系统等领域。

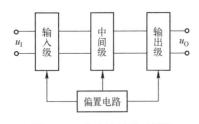

图 4-25　集成运放组成框图

1. 集成运放的组成

集成运放通常由输入级、中间级、输出级和偏置电路组成，如图 4-25 所示。输入级要求输入电阻高，而且要能有效地放大有用信号且抑制无用信号，因此都采用差动放大电路；中间级要有足够大的电压放大倍数；输出级要求输出电阻小、带负载能力强；集成运放的偏置电路为各级电路提供稳定的直流偏置电流和工作电流。

2. 集成运放的结构及电路符号

图 4-26 所示为集成运放的电路符号。集成运放多采用对称的正、负电源同时供电方式。

集成运放有两个输入端，一个输出端。如果输入信号 u_1 加在反相输入端，称为反相输

入方式，此时输出信号与输入信号相位相反；如果输入信号 u_I 加在同相输入端，称为同相输入方式，此时输出信号与输入信号相位相同；输入信号也可同时加在两个输入端，称为双端输入方式，或称差动输入方式。

3. 集成运放的主要参数

（1）输入失调电压 U_{IO}：对于理想的集成运放，当输入电压为零时（$u_I = 0$），输出电压也为零（$u_O = 0$）。但实际上由于集成运放输入级的差动管不对称，通常在 $u_I = 0$ 时，存在一定的输出电压，这种现象称为静态失调。把这个输出电压折算到输入端就是输入失调电压 U_{IO}。显然 U_{IO} 越小越好，U_{IO} 越小表明电路匹配越好。

（2）输入偏置电流 I_{IB} 与输入失调电流 I_{IO}：理想集成运放的两个输入端电流应该完全相等。实际上，当集成运放的输出电压为零（$u_O = 0$）时，流入两个输入端的电流 I_{B1} 和 I_{B2} 不相等。I_{B1} 与 I_{B2} 之差称为输入失调电流 I_{IO}，即 $I_{IO} = I_{B1} - I_{B2}$，它反映集成运放输入级电流的不对称程度。I_{IO} 值越小越好。如图 4-27 所示，当 $u_O = 0$ 时，流入两个输入端的静态电流的平均值称为偏置电流，即 $I_{IB} = (I_{B1} + I_{B2})/2$。

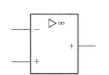

图 4-26　集成运放的电路符号

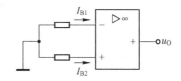

图 4-27　输入偏置电流

（3）开环电压放大倍数：它是指集成运放无外加反馈回路情况下的开环差模电压放大倍数，即 $A_{od} = U_{od}/U_{id}$，A_{od} 越大，运算精度就越高。

（4）共模抑制比 K_{CMR}：差模电压放大倍数 A_{od} 与共模电压放大倍数 A_{oc} 之比，称为共模抑制比 K_{CMR}，即 $K_{CMR} = |A_{od}/A_{oc}|$。$K_{CMR}$ 越大，表示集成运放抑制共模信号的能力越强。

（5）输入电阻 r_{id} 与输出电阻 r_{od}：r_{id} 是指输入差模信号时，集成运放的开环输入电阻。r_{od} 是指集成运放本身输出级的开环输出电阻；r_{od} 越小，表示集成运放的带负载能力越强。

（6）最大输出电压 U_{OM}：是指输出端开路时，集成运放能输出的最大不失真电压峰值。

（7）最大输出电流 I_{OM}：是指集成运放在不失真条件下的最大输出电流。

4. 集成运放的工作特点

1）集成运放线性应用的条件和特点

（1）集成运放线性应用的必要条件：集成运放加上负反馈网络，可以组成各种运算电路，实现各种数学运算，如比例、加、减、乘、除、积分、微分等运算电路；此外，还可组成电压-电流转换、正弦波发生器等应用电路。这些应用的必要条件是，集成运放必须引入深度负反馈。

（2）集成运放线性工作区的特点。

① 虚短：由于集成运放的开环放大倍数 A_{od} 很大，而输出电压是一个有限值，所以集成运放两个输入端之间的电压很小，可以认为近似等于零，即 $u_I = U_+ - U_- = u_O/A_{od} \approx 0$，则

$$U_+ \approx U_-$$

因 U_+ 与 U_- 之间不是真的短路，故称之为"虚短"。

② 虚断：由于集成运放的输入电阻很大，因此集成运放流入两个输入端的电流很小，可以认为近似等于零，即

$$I_+ \approx I_- \approx 0$$

因两个输入端不是真的断开，故称之为"虚断"。

虚短和虚断这两个结论是分析集成运放线性区应用的重要依据，它简化了集成运放电路的分析和计算过程。

2）集成运放非线性应用的特点和条件

（1）集成运放非线性应用的必要条件是集成运放处于开环状态或引入正反馈。当集成运放处于开环状态或引入正反馈时，只要在输入端输入很小的电压变化量，输出端输出的电压即为正最大输出电压+U_{OM} 或负最大输出电压-U_{OM}。

（2）集成运放非线性应用的特点：集成运放非线性的输出电压只有两种可能的状态，即正最大输出电压+U_{OM} 和负最大输出电压-U_{OM}。

$$当 U_+ > U_- 时，u_O = + U_{OM}$$
$$当 U_+ < U_- 时，u_O = -U_{OM}$$

集成运放的输入电流等于零。由于运放的输入电阻 $r_{id} = \infty$ ，因此，虽然 $U_+ \neq U_-$ ，输入电流仍然为零。

总之，在分析集成运放的应用电路时，应判断其中的集成运放是否工作在线性区，在此基础上，根据线性区或非线性区的特点分析具体电路的工作原理。

4.4.3　集成运算放大器的应用

1. 集成运放的线性应用

集成运放的线性应用主要是比例运算电路，有同相输入比例运算和反相输入比例运算两种，它们是最基本的运算电路，是其他各种运算电路的基础。

1）反相输入比例运算电路

反相输入比例运算电路如图 4-28 所示。图中，输入电压 u_1 通过外接电阻 R_1 加在反相端上，同相端经过平衡电阻 R' 接地，输出电压 u_O 经过 R_1 接回反相端，形成一个深度电压并联负反馈，故该电路工作在线性区。

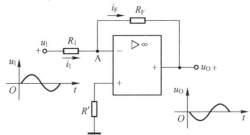

图 4-28　反相输入比例运算电路

由于线性区的特点，有：$U_+ = U_-$（虚短）、$I_+ = I_- = 0$（虚断）。

根据虚断可知，同相输入端的输入电流为零，在 R' 上没有形成电压降，因此 $U_+ = 0$。

根据虚短，$U_+ = U_-$，所以 $U_- = 0$，即 A 点的电位等于零（$U_A = 0$），这种现象称为虚地。虚地是反相输入运算放大电路的一个重要特点。因为从 A 点流入运放的电流为零（$I_- = 0$），所以有 $i_1 = i_F$，进而有

$$\frac{u_1 - U_-}{R_1} = \frac{U_- - u_0}{R_F}$$

又因 $U_- = 0$，由此可求得输出电压与输入电压的关系为

$$u_0 = -\frac{R_F}{R_1} u_1$$

可见，输出电压 u_0 与输入电压 u_1 成比例，式中的负号表示输出电压 u_0 与输入电压 u_1 反相。对于正弦信号，u_0 与 u_1 相位相反；对于直流信号，u_0 与 u_1 的极性相反。

【例 4-1】 在图 4-28 所示电路中，已知 $R_1 = R_F = 10\text{k}\Omega$，$R' = 5\text{k}\Omega$，$u_1 = 10\text{mV}$，试求输出电压 u_0。

解： $u_0 = -(R_F/R_1)u_1 = -10\text{mV}$。

根据运算结果可知，输出电压 u_0 与输入电压 u_1 大小相同，极性相反，故该电路通常称为"倒相电路"（或变号运算电路）。

2) 同相输入比例运算电路

同相输入比例运算电路如图 4-29 所示。由图可见：输入电压 u_1 通过 R' 加在集成运放同相端上；反相端经过 R_1 接地；输出电压 u_0 经过 R_F 接回反相端，形成一个深度电压串联负反馈。故该电路工作在线性区。

由线性区的特点可知，有：$U_+ = U_-$（虚短）、$I_+ = I_- = 0$（虚断）。

根据虚断，$I_+ = I_- = 0$，故在 R' 上没有电压降，所以 $U_+ = u_1$。

根据虚短，$U_- = U_+ = u_1$，即 A 点的电位等于输入信号。

由图 4-29 可知：

$$U_- = U_+ = u_0 \frac{R_1}{R_1 + R_F}$$

式中，$U_+ = u_1$，由此可求得输出电压与输入电压的关系为

$$u_0 = u_1 \frac{R_1 + R_F}{R_1} = u_1 \left(1 + \frac{R_F}{R_1} \right)$$

可见，输出电压与输入电压成比例，且 u_0 与 u_1 的变化方向相同，即属于同相关系。

【例 4-2】 电路如图 4-30 所示，已知 $u_1 = 10\text{mV}$，试求输出电压 u_0。

解： 由于 $U_- = U_+ = u_1$，故 $u_0 = u_1 = 10\text{mV}$。

从运算结果可知，输出电压 u_0 与输入电压 u_1 大小相同，极性相同，故称之为"电压跟随器"。

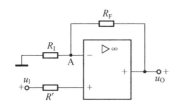

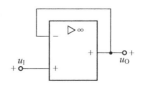

图 4-29　同相输入比例运算电路　　　　图 4-30　电压跟随器

2. 集成运放的非线性应用

当集成运放处于开环状态或引入正反馈，则集成运放工作在非线性区域。电压比较器就是集成运放的非线性应用之一。

1）电压比较器

图 4-31 所示为简单电压比较器，该电路处于开环状态，输入信号 u_I 从反相端加入，同相端加参考电压 U_R，输出电压为 u_O。

因理想情况下运放的开环电压放大倍数 $A_{od} = \infty$，输入偏置电流 $I_{IB} = 0$，输入失调电压 $U_{IO} = 0$，当反相端电位高于同相端电位（即 $U_- > U_+$）时，输出 u_O 为低电平（$u_O = -U_{OM}$）；当 $U_- < U_+$ 时，输出 u_O 为高电平（$u_O = +U_{OM}$）。$-U_{OM}$ 和 $+U_{OM}$ 为运放的正、反向饱和电压。

如果参考电压 $U_R = 0$，则意味着：当 $u_I < 0$ 时，u_O 输出高电平；当 $u_I > 0$ 时，u_O 输出低电平。根据这一结果，可以将正弦交流电作为 u_I 输入，则在输出端产生一个方波，即将正弦波转换成了方波，如图 4-32 所示。

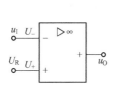

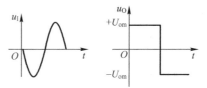

图 4-31　简单电压比较器　　　　图 4-32　正弦波转换成方波的波形图

2）方波发生器

利用电压比较器和电容的充/放电可组成方波信号发生器，如图 4-33 所示。

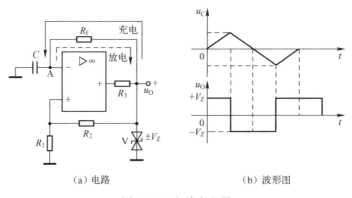

（a）电路　　　　　　　　　　（b）波形图

图 4-33　方波发生器

电路的工作过程如下：U_+ 的大小由 R_1 和 R_2 分压从双向稳压二极管取得。接上电源后，电源对 C 进行充电，在充电初期，由于所充电压较低，$U_- < U_+$，电路输出 u_0 为高电平。由于受稳压管的钳制，使得 $u_0 = +V_Z$。随着充电的进行，一旦 $U_- > U_+$，输出翻转，输出 u_0 为低电平，使得 $u_0 = -V_Z$，输出如图 4-33 所示的方波。

4.5 实验与实训

4.5.1 单管放大电路参数测试

1. 实验目的

☺ 验证放大电路静态工作点和电路参数对其工作的影响。
☺ 学会计算放大电路的电压放大倍数。

2. 实验器材

序　号	名　　称	数　量	备　注
1	数字万用表	1个	
2	低频信号发生器	1个	
3	毫伏表	1个	
4	示波器	1个	
5	电子电工实验台	1个	

3. 实验内容及步骤

（1）按照图 4-34 所示在电子电工实验台上搭建电路（不接入负载电阻 R_L）。调节 R_P，使 $U_C = 5 \sim 7V$，为三极管建立静态工作点（空载）。

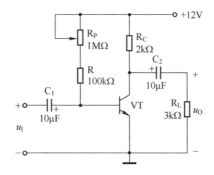

图 4-34　单管共发射极放大电路

（2）用数字万用表测量放大电路的静态工作点，并将测量值填入表 4-1 中。

表 4-1　静态工作点测试数据

U_{CQ}	U_{BQ}	U_{EQ}	U_{BEQ}	U_{CEQ}	I_{CQ}	I_{BQ}	I_{EQ}
U_{CQ} ＿＿＿ U_{BQ} ＿＿＿ U_{EQ}					I_{CQ} ＿＿＿ I_{BQ} ＿＿＿ I_{EQ}		

（3）将低频信号发生器接入放大器输入端，向放大器输入 1kHz、5mV 的正弦信号 u_I，用示波器观察输出电压 u_0 的波形。

（4）调整 u_I 的幅值，使 u_0 幅值最大且不失真，然后用毫伏表测量 u_I 和 u_0 的值，将测量结果填入表 4-2 中，并计算出空载时的电压放大倍数 A_V。

（5）将负载 R_L 接入放大电路的输出端，参照步骤（4）的方法测量出 u_I 和 u_0 的值，将测量结果填入表 4-2 中，并计算出带负载时的电压放大倍数 A_V。

表 4-2　电压放大倍数测试数据

输入信号频率	是否接入 R_L	u_I/mV	u_0/mV	$A_V = u_0/u_I$
1kHz	否			
	是			

4. 实验结果分析

（1）依据表 4-1 中的数据，验证 $U_{CQ} > U_{BQ} > U_{EQ}$、$U_{BEQ} \approx 0.7V$、$I_{CQ} + I_{BQ} = I_{EQ}$ 是否成立。

（2）根据测试数据，分析单管放大电路静态工作点和电路参数对其工作的影响。

（3）根据测试数据，分析单管放大电路负载 R_L 对电压放大倍数 A_V 的影响。

4.5.2　集成运算放大器线性应用电路测试

1. 实验目的

☺ 掌握集成运算放大器的线性应用。
☺ 掌握基本运算电路的调试与测试。

2. 实验器材

序　号	名　　称	数　量	备　注
1	数字万用表	1个	
2	示波器	1个	
3	电子电工实验台	1个	

3. 实验内容及步骤

（1）按照图 4-35 所示在电子电工实验台上搭建电路。

（2）集成运算放大器的静态调试：使输入信号全为零，用示波器观察输出端有无自激振荡现象，若有，应设法将其消除；使输入信号全为零，调节 R_P 使输出信号 $U_0 = 0$。

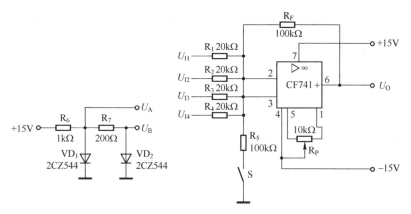

图 4-35 集成运算放大器的线性应用电路

（3）将实验电路连接成一个反相输入比例运算放大器，分别将 U_A、U_B 作为输入信号 U_{I1}，测量输出电压 U_O，将测量结果填入表 4-3 中。

表 4-3　反相输入比例运算放大器测试数据

输入信号 U_{I1}		U_O	
		实际测量值	理论计算值
U_A			
U_B			

（4）将实验电路连接成一个同相输入比例运算放大器，分别将 U_A、U_B 作为输入信号 U_{I4}，测量输出电压 U_O，将测量结果填入表 4-4 中。

表 4-4　同相输入比例运算放大器测试数据

输入信号 U_{I4}		U_O	
		实际测量值	理论计算值
U_A			
U_B			

（5）将实验电路连接成一个反相输入加法运算放大器，将 U_A 作为输入信号 U_{I1}，将 U_B 作为输入信号 U_{I2}，测量输出电压 U_O，将测量结果填入表 4-5 中。

表 4-5　反相输入加法运算放大器测试数据

输入信号				U_O	
U_{I1}		U_{I2}		实际测量值	理论计算值
U_A		U_B			

（6）将实验电路连接成一个减法运算放大器，将 U_A 作为输入信号 U_{I1}，将 U_B 作为输入信号 U_{I3}，测量输出电压 U_O，将测量结果填入表 4-6 中。

表 4-6 减法运算放大器测试数据

输 入 信 号			U_O	
U_{I1}		U_{I3}	实际测量值	理论计算值
U_A		U_B		

4. 实验结果分析

(1) 计算表 4-3~表 4-6 中的 U_O 的理论值，对 U_O 的实际测量值与理论计算值进行比较，分析产生偏差的原因。

(2) 简述对集成运算放大电路进行静态测试的方法。

【习题】

4.1 在括号内用 "√" 或 "×" 表明下列说法是否正确。

(1) 只有电路既放大电流又放大电压，才称其有放大作用。   (   )

(2) 可以说任何放大电路都有功率放大作用。   (   )

(3) 放大电路中输出的电流和电压都是由有源器件提供的。   (   )

(4) 电路中各电量的交流成分是交流信号源提供的。   (   )

(5) 放大电路必须加上合适的直流电源才能正常工作。   (   )

(6) 由于放大的对象是变化量，所以当输入信号为直流信号时，任何放大电路的输出都毫无变化。   (   )

(7) 只要是共发射极放大电路，输出电压的底部失真都是饱和失真。   (   )

4.2 试分析图 4-36 所示各电路是否能够放大正弦交流信号（设图 4-36 中所有电容对交流信号均可视为短路）。

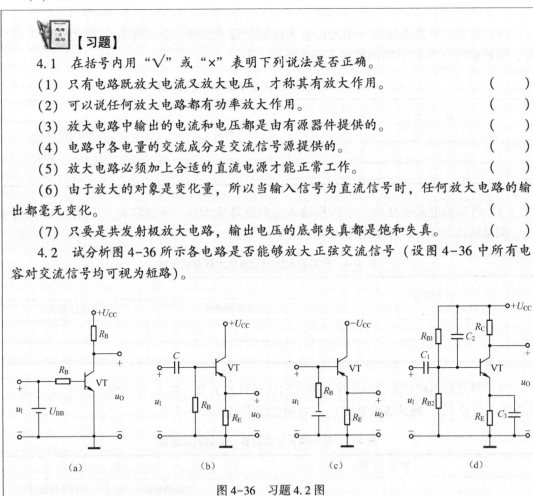

(a)   (b)   (c)   (d)

图 4-36 习题 4.2 图

4.3 在图 4-37 所示的放大电路中，若输入信号电压波形如图 4-37 所示，试问：

(1) 输出电压发生了何种失真？

(2) 应如何调整来消除失真？

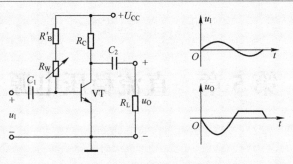

图 4-37 习题 4.3 图

(3) 图中偏流电阻为什么要分成固定和可调两部分？如果只装一个可调电阻会有什么问题？

4.4 已知某多级放大电路的各级电压放大倍数分别是 100、1、10，分别求：

(1) 各级总的电压放大倍数；

(2) 若输入信号电压为 5mV，则输出电压有多大？

4.5 试从反馈观点比较反相输入和同相输入两种比例运算电路的特点。

第5章 直流稳压电源

5.1 整流滤波电路

交流电在电能的输送和分配方面具有直流电不可比拟的优点，因此电力网所供给的多是交流电。但在某些场合须使用直流电，要求高的电路还须用到非常稳定的直流电源。因此，通常要把交流电转换成直流电。目前，广泛采用的办法是利用二极管或晶闸管等半导体器件的特性，把交流电转换成直流电，这种转换电路称为直流稳压电源电路。直流稳压电源的组成框图如图5-1所示。

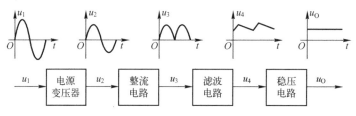

图 5-1 直流稳压电源的组成框图

☺ 电源变压器：其作用是将交流电压变换成符合整流要求的交流电压值。
☺ 整流电路：其作用是将交流电压变换成单向脉动直流电压。
☺ 滤波电路：其作用是将脉动直流电压变成平滑的直流电压。
☺ 稳压电路：其作用是使输出直流电压保持为一个稳定值。

5.1.1 单相整流电路

整流电路的作用是利用整流器件的单向导电性，将交流电转换成脉动的直流电。按所用交流电源相数的不同，可分为单相整流和三相整流；按负载上所得整流波形的不同，可分为半波整流和全波整流。本节主要介绍单相整流电路。

1. 单相半波整流电路

图5-2所示为带有纯电阻负载的单相半波整流电路及波形图。这是最简单的整流电路，常用于对电压要求不高的场合。它由变压器、整流二极管、负载组成。变压器的作用是将外部交流电压变换成符合整流要求的交流电压。

半波整流工作过程如下所述。

（1）在 u_2 正半周（A端为正、B端为负），二极管VD正偏导通，电流的路径为：A端→VD→R_L→B端。由于二极管正向导通，于是有电流 i_0 流过 R_L，产生电压 u_0。若忽略变压器

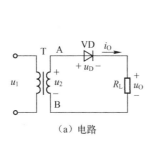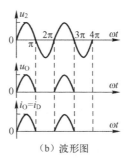

（a）电路　　　　　　　　　（b）波形图

图 5-2　带有纯电阻负载的单相半波整流电路及波形图

T 的绕组电阻和二极管正向电阻，则 u_O 瞬时值就是 u_2。故 u_O 的波形近似为 u_2 的正半周波形。

（2）在 u_2 负半周（A 端为负、B 端为正），二极管 VD 反偏截止，无电流流过 R_L，R_L 上无电压降。

因此整流后，负载 R_L 上得到的是半个正弦波，即脉动的直流电压 u_O。

如果设变压器二次电压 u_2 的有效值是 U_2，则负载 R_L 上所获得的直流电压 U_O（即 u_O 的平均值）为

$$U_O = \frac{\sqrt{2}}{\pi} U_2 \approx 0.45 U_2$$

流过负载的平均电流为

$$I_O = \frac{U_O}{R_L} = 0.45 \frac{U_2}{R_L}$$

因为 VD 与 R_L 串联，所以流过 VD 的平均电流为

$$I_V = I_O = 0.45 \frac{U_2}{R_L}$$

二极管在截止的半个周期内承受的最高反向电压为

$$U_{RM} = \sqrt{2} U_2$$

半波整流电路虽然结构简单，但其输出电压脉动大，得到的直流电压较小。为了克服这些缺点，目前广泛采用单相桥式整流电路。

2. 单相桥式整流电路

单相桥式整流电路是在半波整流的基础上改良而来的，它克服了半波整流的一些缺点。这种电路是由 4 个二极管构成一个电桥来承担整流任务的，因此称之为桥式整流电路。纯电阻负载的单相桥式整流电路及波形图如图 5-3 所示。

单相桥式整流电路的工作过程如下所述。

（1）在 u_2 正半周（A 端为正、B 端为负），VD$_1$ 和 VD$_3$ 正偏导通，VD$_2$ 和 VD$_4$ 反偏截止，电流的路径是：A→VD$_1$→R_L→VD$_3$→B，流经 VD$_1$ 和 VD$_3$ 的电流 i_{13} 自上而下流过 R_L，形成负载电流 i_O，产生负载电压 u_O，如图 5-3（a）中实线所示。

可以看出，如果忽略变压器绕组电阻和二极管的正向导通电阻，u_O 和 u_2 的正半周是一样的，同为半个正弦波，如图 5-3（b）所示。

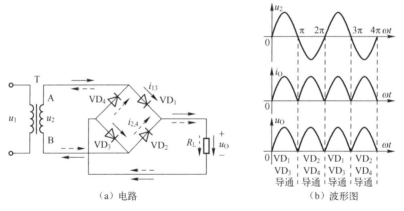

（a）电路　　　　　　　　　　　　（b）波形图

图 5-3　带有纯电阻负载的单相桥式整式流电路及波形图

（2）在 u_2 负半周（A 端为负、B 端为正），VD_2 和 VD_4 正偏导通，VD_1 和 VD_3 反偏截止，电流的路径是：$B \rightarrow VD_2 \rightarrow R_L \rightarrow VD_4 \rightarrow A$，流经 VD_2 和 VD_4 的电流 i_{24} 也是自上而下流过 R_L 的，形成负载电流 i_0，产生负载电压 u_0，如图 5-3（a）中虚线所示。

可以看出，如果忽略变压器绕组电阻和二极管的正向导通电阻，u_0 和 u_2 的负半周是一样的，同为半个正弦波，如图 5-3（b）所示。

由此可见，在一个周期内，VD_1 和 VD_3 与 VD_2 和 VD_4 轮流导通，无论在 u_2 正半周还是负半周，负载上都可以得到单一方向的脉动直流电压，因此称之为全波整流。

图 5-4 所示为桥式整流电路的其他画法。

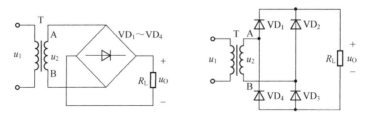

图 5-4　单相桥式整流电路的其他画法

与半波整流相比，R_L 负载上的直流电压 U_0 是半波整流时的 2 倍，即

$$U_0 = (2 \times 0.45)\ U_2 = 0.9 U_2$$

流过负载的平均电流为

$$I_0 = \frac{U_0}{R_L} = 0.9\ \frac{U_2}{R_L}$$

流过每个二极管的平均电流为负载平均电流的一半，即

$$I_V = 0.5\ I_0 = 0.45\ \frac{U_2}{R_L}$$

每个二极管在截止时所承受的最高反向电压为

$$U_{RM} = \sqrt{2}\ U_2$$

5.1.2　滤波电路

整流得到的直流电脉动很大，含有很大的交流成分，这会对电子设备带来不良影响。因此整流之后还需要滤波，即利用电容器、电感器的储能特性，将脉动的直流电中的纹波削弱，从而得到比较平滑的直流电。

1. 电容滤波

把电容器并联在负载两端，就可以组成电容滤波电路。利用电容两端电压不能突变的特性，可以使输出电压波形变得平滑。

1）半波整流电容滤波电路

半波整流电容滤波电路及波形图如图 5-5 所示。起滤波作用的电容并联在负载电阻上，电容滤波就是利用电容的充/放电来实现的。图 5-5（b）所示为变压器二次电压 u_2 的波形；图 5-5（c）所示为未接滤波电容时的输出电压 u_0 的波形；图 5-5（d）所示为接入电容后，电容上的电压波形。

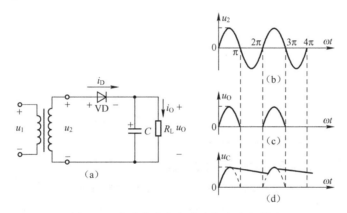

图 5-5　半波整流电容滤波电路及波形图

电路在未接滤波电容时，输出电压 u_0 的波形虽然也属于直流电，但起伏很大，含有很大的脉动成分，这样的输出电压很难符合电路的要求。

接入滤波电容后，在 $0\sim\pi/2$ 区间内，电容处于充电的过程中，当 u_0 达到最大值时，电容也充电完毕，其值 u_C 约等于 u_0 的最大值；在 $\pi/2$ 之后，u_0 开始下降，此时电容开始放电，如果电容足够大，会使 u_C 在一段时间内保持缓慢下降的趋势，如图 5-5（d）中实线所示。

可以证明，半波整流电容滤波电路的输出直流电压为

$$U_0 = U_2$$

2）桥式整流电容滤波电路

桥式整流电容滤波电路及波形图如图 5-6 所示。与半波整流电容滤波电路相比，由于电容的充/放电过程缩短，因此输出电压的波形更为平滑，输出的直流电压幅度也更高些。

可以证明，桥式整流电容滤波电路的输出直流电压为

$$U_0 \approx 1.2U_2$$

电容滤波电路结构简单，在电流不大时，滤波效果较好，一般用于负载电流较小且变化

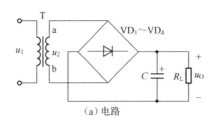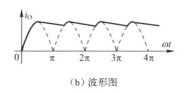

（a）电路 　　　　　　　　　　　　　（b）波形图

图 5-6　桥式整流电容滤波电路及波形图

不大的场合，如各种电子测量仪器、电视机等。但当负载电流较大（即 R_L 较小）时，电容放电快，波形平滑程度差，即电容滤波的外特性差（带负载能力差）。

除了电容滤波，还可将电感与负载串联构成电感滤波电路，利用电感在电流变化时产生感应电动势来抑制电流的脉动，达到滤波的目的。电感滤波电路的外特性较好（带负载能力强），适用于负载电流较大的场合，其缺点是体积大、笨重、成本高。

在实际应用中，经常采用复式滤波电路，以取得更加理想的效果。图 5-7 所示为两种常见的复式滤波电路。

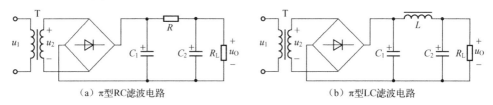

（a）π型RC滤波电路 　　　　　　　　　　（b）π型LC滤波电路

图 5-7　两种常见的复式滤波电路

【知识拓展】变压器的结构和工作原理

在电子产品中，经常会用到变压器。变压器的功能主要有：电压变换；阻抗变换；隔离；稳压（磁饱和变压器）等。变压器常用铁心的形状一般有 E 形和 C 形。

变压器的工作原理是：当一个正弦交流电压 u_1 加在一次绕组两端时，导线中就有交变电流 i_1 并产生交变磁通，它沿着铁心穿过一次绕组和二次绕组形成闭合的磁路。在二次绕组中感应出正弦交流电压 u_2，如果变压器二次侧接上负载，二次绕组中就产生电流 i_2。

如果不考虑变压器的损耗，可以认为一个理想的变压器二次侧负载消耗的功率也就是变压器一次侧从电源取得的电功率。变压器可以根据需要通过改变二次绕组的匝数而改变二次电压，但是不能改变允许负载消耗的功率。变压器中需要用到以下材料。

（1）铁心材料：主要有铁片、低硅片、高硅片。在钢片中加入硅，可以降低钢片的导电性，增加电阻率，减少涡流，使其损耗减少。通常将加了硅的钢片称为硅钢片。变压器的质量与所用硅钢片的质量有很大关系，硅钢片的质量通常用磁通密度 B 来表示，一般黑铁片的 B 值为 6000～8000，低硅片的 B 值为 9000～11000，高硅片的 B 值为 12000～16000。

（2）绕组材料：最常用的是漆包线。对于导线的要求是导电性能好，绝缘漆层有足够耐热性能，并且要有一定的耐腐蚀能力。一般情况下，最好用 Q2 型号的高强度聚酯漆包线。

（3）绝缘材料：绕制变压器时，线圈框架层间的隔离及绕组间的隔离，均要使用绝缘材料，一般的变压器框架材料可用酚醛纸板制作，层间可用聚酯薄膜或电话纸做隔离，绕组间可用黄腊布做隔离。

（4）浸渍材料：变压器绕组绕制好后，还要浸渍绝缘漆，它能增强变压器的机械强度，提高绝缘性能，延长使用寿命。一般情况下，可采用甲酚清漆作为浸渍材料。

5.2 稳压电路

如前所述，各种电子电路都需要直流电源供电。一般情况下，将交流电变换成直流电，再经过变压、整流、滤波，得到一个相对较为平稳的直流电。对电压要求不高的场合，这样的直流电压供给足以满足要求。但很多场合需要精度高且不受外界因素的影响稳定的直流电压，这就需要稳压电路来完成这项工作。

5.2.1 硅稳压管稳压电路

1. 电路工作过程

图 5-8（a）所示的是由硅稳压管组成的直流稳压电源电路。图中，变压器 T 起变压作用，得到二次电压 u_2，其波形如图 5-8（b）所示；4 个二极管构成全波桥式整流电路，将交流电转换成脉动的直流电，得到如图 5-8（c）所示的波形；电容 C 起滤波作用，将脉动的直流电转换成较平滑的直流电，滤波后得到的波形如图 5-8（d）所示；负载电阻 R_L 与硅稳压管 VZ 组成稳压电路，将较平滑的直流电转换成稳定的直流电，其波形如图 5-8（e）所示。

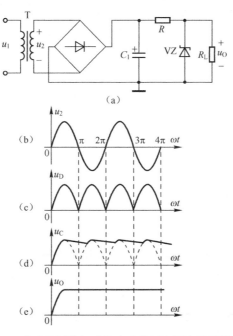

图 5-8　由硅稳压管组成的直流稳压电源电路及波形图

2. 电路特点

当电网电压波动或负载发生变化时，从图 5-8（e）可以看出，电源电路始终输出稳定的直流电压。当然，这种稳压电路输出电压取决于稳压二极管的稳定电压值，并且输出电流也不能很大，所以也只适用于一些小负载及稳定度要求不太高的场合。

在上述这种稳压电路中，由于稳压元件与负载是并联关系，所以称之为并联型稳压电源。除了并联型稳压电路，还有串联型稳压电路，其电路更为完善，特性更加优良。目前，应用最广泛的是三端集成稳压电路。

5.2.2 三端集成稳压器

集成稳压器是利用半导体工艺制成的集成器件，其特点是体积小、稳定性高、性能指标好等。三端集成稳压器可分为三端固定式和三端可调式两大类。

1. 三端固定式集成稳压器

三端固定式集成稳压器的外形与引脚排列如图 5-9 所示。

三端固定式集成稳压器有三个引出端，即输入端、输出端和公共端（注：不同封装的集成稳压器的引脚功能不同，请自行查阅相关资料）。三端固定式集成稳压器直接输出的是固定电压，分为正电压输出（有 LM78×× 系列等）和负电压输出（LM79×× 系列等）。×× 表示电压等级。图 5-9 所示的三端固定式集成稳压器 LM7812 的输出电压是 +12V，LM7912 的输出电压是 -12V。

图 5-10 所示为三端固定式集成稳压器的应用。图中，C_1 的左侧为桥式整流环节，C_1 是滤波电容，三端式稳压器与 C_2 组成稳压环节。整流滤波的输出电压作为稳压器的输入电压，稳压器的输出电压供给负载，C_2 为输出电容，其作用是消除可能产生的振荡。适当配置一些外接元器件，该电路能实现输出电压、输出电流的扩展。

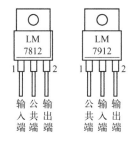

图 5-9 三端固定式集成稳压器的
外形与引脚排列

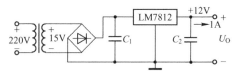

图 5-10 三端固定式集成
稳压器的应用

✦**【知识拓展】三端固定式集成稳压器引脚的判断方法**

在 78×× 系列、79×× 系列三端稳压器中，最常用的是 TO-220 和 TO-202 两种封装形式。

图 5-9 中的引脚号标注方法是按照引脚电位从高到低的顺序标注的：引脚 1 为最高位，引脚 3 为最低位，引脚 2 居中。

> 此外还应注意，散热片总是与最低电位（即引脚3）相连接的：对于78××系列，散热片与公共端（即地）相连；对于79××系列，散热片却与输入端相接，因而在使用中要注意安全。

2. 三端可调式集成稳压器

三端可调式集成稳压器的外形与引脚排列如图5-11所示。

三端可调式集成稳压器的三个引出端分别为调整端、输入端和输出端（注：不同封装的集成稳压器的引脚功能不同，请自行查阅相关资料），其中CW317输出正电压，CW337输出负电压。输出正电压时，其调整端与输出端之间的电压恒等于+1.25V；输出负电压时，其调整端与输出端之间的电压恒等于-1.25V。三端可调式集成稳压器的应用如图5-12所示，其中U_I是整流滤波后的输出电压，R、R_P用来调节输出电压，为使电路正常工作，其输出电流一般不小于5mA，调节端的电流很小（可忽略），因1端与3端之间的电压恒等于+1.25V，所以输出电压为

$$U_O = +1.25\left(1+\frac{R_P}{R}\right)$$

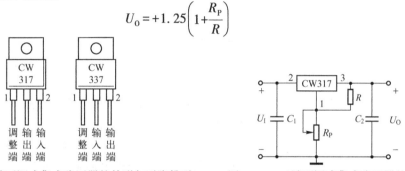

图5-11 三端可调式集成稳压器的外形与引脚排列　　图5-12 三端可调式集成稳压器的应用

5.3 晶闸管可控整流电路

晶闸管可控整流电路的作用是将有效值不变的交流电变换成大小可调的直流电。它广泛应用于工业生产中，如为直流电动机调速、电解、电镀等提供可调的直流电源。图5-13所示为常见大功率晶闸管实物图。

晶闸管可控整流电路通常由主电路和控制电路（触发电路）两部分组成，其框图如图5-14所示。主电路的作用是将交流电转换成可变的直流电，其内部核心元件为晶闸管；而控制电路的作用是为晶闸管的导通提供触发脉冲。

图5-13 常见大功率晶闸管实物图

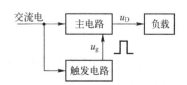

图5-14 晶闸管可控整流电路框图

5.3.1 单相半波可控整流电路

将单相半波整流电路中的二极管换成晶闸管，即构成如图5-15（a）所示的单相半波可控整流电路。其中，晶闸管 VT 和电阻 R_L 组成了主电路。控制极的触发脉冲由控制电路提供。

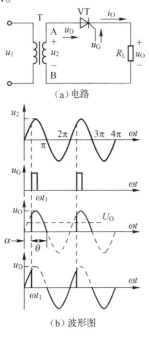

（a）电路

（b）波形图

图 5-15　单相半波可控整流
电路及波形图

1. 整流工作原理

由图5-15（a）可见：变压器 T 的二次电压 u_2，经负载电阻 R_L 加在晶闸管的阳极 A 与阴极 K 两端。

（1）在 u_2 的正半周（A 端为正、B 端为负）：在 $0 \sim \omega t_1$ 期间，虽然晶闸管加上了正向电压，但因未加触发脉冲，晶闸管无法导通，处于正向截止状态，此时 R_L 中没有电流流过，负载两端输出电压 $u_0 = 0$，二次电压全部加在晶闸管两端，即 $u_D = u_2$。

在 ωt_1 时刻，门极加上了触发脉冲 u_G，晶闸管被触发导通，此时若忽略管压降（$u_D = 0$），则二次电压全部施加在负载两端（$u_0 = u_2$），流过负载的电流 $i_0 = u_0 / R_L$，i_0 的波形与 u_0 的波形相似。

在 $\omega t = \pi$ 时刻，u_2 过零，使流过晶闸管的电流降为零，晶闸管被关断，致使 $i_0 = 0$、$u_D = u_2$。

（2）在 u_2 的负半周（A 端为负、B 端为正），晶闸管承受反向电压，处于反向截止状态，$u_D = u_2$，输出电压 $u_0 = 0$。

重复上述过程，这样就可以将交流电 u_2 转换成脉动直流电 u_0，如图5-15（b）所示。图中，u_2 为输入电压波形，u_G 为门极触发脉冲电压波形，u_0 为输出电压波形，u_D 为晶闸管两端的电压波形。

2. 电压控制原理

在图5-15（b）中，α 为控制角，θ 为导通角（$\theta = \pi - \alpha$）。改变脉冲出现的时刻（即改变控制角 α 的大小），就可以改变输出电压的大小，达到可控整流的目的。输出电压 U_0 为

$$U_0 = 0.45 U_2 \frac{1 + \cos \alpha}{2}$$

从上式可知：当 $\alpha = 0$ 时，$U_0 = 0.45 U_2$；当 $\alpha = \pi$ 时，$U_0 = 0$。故输出电压 U_0 的调节范围是（$0 \sim 0.45$）U_2。输出电流平均值 I_0 为

$$I_0 = \frac{U_0}{R_L}$$

5.3.2 单相桥式可控整流电路

将单相桥式整流电路中的两个二极管换成晶闸管，即构成图5-16（a）所示的单相桥式

可控整流电路。其中，晶闸管 VT_1、VT_2 的阴极连在一起形成共阴极连接，只有承受正向阳极电压的晶闸管才能触发导通，触发脉冲同时送给 VT_1、VT_2 的门极；整流二极管 VD_3、VD_4 的阳极连在一起形成共阳极连接。该电路的触发电路较简单，广泛应用于中小容量可控整流装置中。

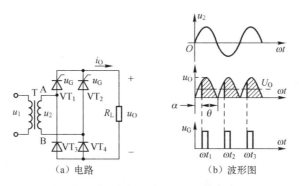

图 5-16　单相桥式可控整流电路及波形图

1. 整流工作原理

（1）在 u_2 的正半周（A 端为正、B 端为负）：晶闸管 VT_1 的阳极电压为正，有可能导通（取决于是否触发），而 VT_2 截止；二极管 VT_3 和 VT_4 截止。在 $0 \sim \omega t_1$ 期间，由于未加触发脉冲，VT_1 处于正向截止状态，VT_2 处于反向截止状态，电路无电压输出，$u_0 = 0$。

在 ωt_1 时刻，VT_1 的门极加上了触发脉冲 u_G，VT_1 被触发导通，VD_4 导通，输出电流的路径是：A→VT_1→R_L→VD_4→B，电流 i_0 自上而下流过负载 R_L。

在 $\omega t = \pi$ 时刻，二次电压 u_2 过零，使流过 VT_1 的电流降为零，VT_1 被关断，致使 $i_0 = 0$，电路无电压输出，$u_0 = 0$。

（2）在 u_2 的负半周（A 端为负、B 端为正）：在 $\pi \sim \omega t_2$ 期间，晶闸管 VT_2 的阳极电压为正，有可能导通（取决是否触发），而 VT_1 截止；二极管 VD_4 和 VD_3 截止。在此期间，由于 VT_2 未加触发脉冲，VT_2 处于正向截止状态，VT_1 处于反向截止状态，电路无电压输出，$u_0 = 0$。

在 ωt_2 时刻，VT_2 的门极加上了触发脉冲 u_G，VT_2 被触发导通，VD_3 导通，输出电流的路径是：B→VT_2→R_L→VD_3→A，电流 i_0 也是自上而下流过负载 R_L 的。

在 $\omega t = 2\pi$ 时刻，二次电压 u_2 过零，使流过 VT_2 的电流降为零，VT_2 被关断，致使 $i_0 = 0$，电路无电压输出，$u_0 = 0$。

由此可见，在一个周期内，VT_1 和 VD_4 与 VT_2 和 VD_3 轮流导通，使负载上得到两个缺损的半波电压，即全波电压，如图 5-16（b）所示。

2. 电压控制原理

由于是全波可控整流，所以单相桥式可控整流电路输出电压平均值是单相半波可控整流电路输出电压平均值的 2 倍，即

$$U_0 = 0.9 U_2 \frac{1 + \cos\alpha}{2}$$

从上式可知：当 $\alpha=0$ 时，$U_0=0.9U_2$；当 $\alpha=\pi$ 时，$U_0=0$，故输出电压 U_0 的调节范围是 $(0\sim0.9)U_2$，输出电流平均值 I_0 为

$$I_0=\frac{U_0}{R_L}$$

5.4 实验与实训

5.4.1 单相桥式整流电路的测试

1. 实验目的

☺ 学会单相整流电路的搭建方法。

☺ 学会使用示波器观察单相桥式整流电路的工作电压波形。

2. 实验器材

序号	名　　称	规　　格	数　　量	备　　注
1	数字万用表		1个	
2	示波器		1个	
3	电子电工实验台		1个	
4	电阻器	510Ω/1W	1个	
5	电容器	47μF/25V	1个	
6	二极管	1N4007	4个	

3. 实验内容及步骤

（1）按照图 5-17 所示，在电子电工实验台上搭建单相桥式整流电路（R_L、C 暂时不接入电路）。

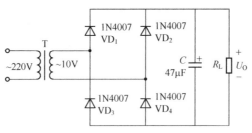

图 5-17　单相桥式整流电路

（2）检查搭建的电路是否无误，确认无误后方可进行通电测试。用数字万用表测量变压器二次电压 U_2 和整流电路输出电压 U_0 的值，将测量结果填入表 5-1 中。

（3）用示波器观察 U_2 和 U_0 的波形，并将其绘制在图 5-18（a）和（b）中。

（4）断电后，将 R_L、C 接入单相桥式整流电路中，检查搭建的电路是否无误，确认无误后方可进行通电测试。用数字万用表测量 U_2 和 U_0 的值，将测量结果填入表 5-2 中。

表 5-1 单相桥式整流电路测试数据（空载）

变压器二次电压 U_2/V	整流电路输出电压 U_0/V	
	实际测量值	理论计算值

表 5-2 单相桥式整流电路测试数据（$R_L=510\Omega$，$C=47\mu F$）

变压器二次电压 U_2/V	整流电路输出电压 U_0/V	
	实际测量值	理论计算值

（5）用示波器观察 U_0 的波形，并将其绘制在图 5-18（c）中。

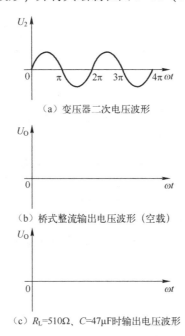

（a）变压器二次电压波形

（b）桥式整流输出电压波形（空载）

（c）$R_L=510\Omega$、$C=47\mu F$ 时输出电压波形

图 5-18 单相桥式整流电路的工作电压波形图

4. 实验结果分析

（1）计算表 5-1 和表 5-2 中的 U_0 的理论值，对 U_0 的实际测量值与理论计算值进行比较，分析产生偏差的原因。

（2）分析测试数据及工作电压波形，进一步理解单相桥式整流电路的工作原理。

5.4.2 三端固定式集成稳压电路的测试

1. 实验目的

☺学会三端固定式集成稳压电路的搭建方法。
☺学会使用示波器观察三端固定式集成稳压电路的工作电压波形。

2. 实验器材

序号	名　　　称	规　　格	数　　量	备　　注
1	数字万用表		1个	
2	示波器		1个	
3	电子电工实验台		1个	
4	电容器	0.1μF、0.22μF	各1个	
5	三端固定式集成稳压器	LM7812	1个	
6	电阻器	510Ω/1W	1个	

3. 实验内容及步骤

（1）按照图5-19所示，在电子电工实验台上搭建三端固定式集成稳压电路。

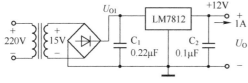

图 5-19　三端固定式集成稳压电路

（2）检查搭建的电路是否无误，确认无误后方可进行通电测试。用数字万用表测量三端固定式集成稳压电路中的变压器二次电压 U_2、整流电路输出电压 U_{O1} 和稳压电路输出电压 U_O 的值，将测量结果填入表5-3中。

表 5-3　三端固定式集成稳压电路测试数据

变压器二次电压 U_2/V	整流电路输出电压 U_{O1}/V	稳压电路输出电压 U_O/V

（3）用示波器观察 U_{O1} 和 U_O 的波形，并将其绘制在图5-20中。

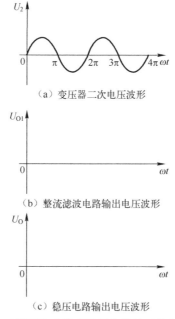

（a）变压器二次电压波形

（b）整流滤波电路输出电压波形

（c）稳压电路输出电压波形

图 5-20　三端固定式集成稳压电路的工作电压波形图

【习题】

5.1　图 5-21 所示的是一个电热用具中的双控开关电路，其中 VD₂ 是发光二极管，在通电时能发光，分流电阻 R 用以保护 VD₂。试问：

(1) 当开关 S₁ 和 S₂ 均闭合时，负载 R_L 上加的是 _____ 电压，负载 R_L 处于 _____ 状态；

(2) 当开关 S₁ 闭合、S₂ 断开时，负载 R_L 上加的是 _____ 电压，负载 R_L 处于 _____ 状态；

(3) 当开关 S₁ 断开时，电路又处于 _____ 状态。

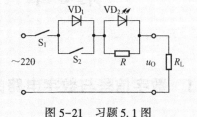

图 5-21　习题 5.1 图

5.2　在图 5-22 所示的电路中，若 $R_L=100\Omega$，交流电压表 V₂ 的读数为 20V，则直流电压表 V 和直流电流表 A 的读数为多大？请在图上标注输出电压的极性。若出现下列 4 种情况，其 U_O 各为多大？

(1) 正常工作时；

(2) 负载电阻断开时；

(3) 电容器断开时；

(4) 有一个二极管因虚焊而断开时。

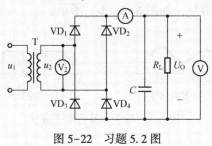

图 5-22　习题 5.2 图

5.3　在图 5-22 所示的电路中，若发生以下现象，会造成什么后果？

(1) VD₁ 断路；

(2) VD₂ 断路；

(3) VD₁ 和 VD₂ 接反；

(4) 4 个二极管都接反。

5.4　直流电源中整流、滤波、稳压的目的是什么？

5.5　有一个电压为 36V、电阻为 55Ω 的直流负载，采用单相桥式整流电路供电，试求变压器二次电压和输出电流的有效值。

5.6　有两个稳压二极管 VZ₁ 和 VZ₂，其稳压值分别为 8.5V 和 5.5V，它们的正向压降均为 0.5V。问：使用这两个二极管能得到哪些稳定电压？请绘出相应的电路图（要求负载电阻有一端接地）。

第6章 数字电路基础知识

6.1 数字信号与数字电路的基本概念

6.1.1 数字信号与数字电路

1. 数字信号

在日常生活中，经常遇到的物理量在时间和数值上都具有连续变化的特点，如温度、湿度和距离等。这种连续变化的物理量称为模拟量；在工程上，模拟实际物理量的电信号称为模拟信号，如图 6-1（a）所示。另外还有一类物理量在时间和数值上是断续变化的，它们只能在某些特定的时间内出现，如在某时刻生产某产品的个数，这种物理量称为数字量，表示数字量的电信号称为数字信号，如图 6-1（b）所示。

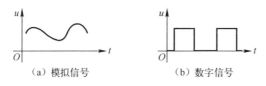

（a）模拟信号 　　　　　　　 （b）数字信号

图 6-1　模拟信号与数字信号

2. 数字电路

用来产生、处理、传输数字信号的电路称为数字电路。它主要研究输出信号与输入信号之间对应的逻辑关系，即所谓的逻辑功能。

数字电路具有下述 4 个主要特点。

（1）数字电路处理的电信号是离散的数字信号。

（2）数字电路中的半导体器件工作在开关状态。

（3）数字电路主要讨论的是输出与输入之间的逻辑关系。

（4）数字电路主要的分析、计算工具是逻辑代数。

与模拟电路相比，数字电路具有以下优点。

（1）有利于电路的高度集成化。由于数字电路内部的半导体器件工作在开关状态，电路的状态就可以用 0 和 1 表示，所以基本单元电路结构简单，功耗低，便于大规模集成和大批量生产。

（2）抗干扰能力强，性能稳定。数字电路处理的是用 0 和 1 来表示的信号，这是很容易做到的，且不易受到干扰，从而提高了电路的稳定性。

（3）数字信号易保存。利用储存工具可将数字信息长期保存。

（4）保密性好。数字信息容易加密，不易被窃取。

【想一想】

数字电路为什么要采用二进制？

6.1.2 数制与码制

前面我们介绍了数字电路采用的是二进制数，数字信号是用 0 和 1 来表示的信号，而在日常生活和生产中，人们习惯采用十进制数，要使数字电路应用于实际生活、生产中，就要进行数制之间的相互转换。另外，在数字电路中要表示某一特定的对象，往往要用一定位数的二进制数来表示一定的代码。

1. 数制

数制就是进位计数的方法。在日常生活中，人们习惯采用十进制数，而在数字电路中采用的是二进制数。

1）十进制数

十进制数采用 0~9，共 10 个数码，计数规律是"逢十进一"。通常，将计数码的个数称为基数，故十进制的基数是 10。在十进制数中，当数码所处的位置不同时，其表示的数值是不同的，例如：

$$(345.231)_{10} = 3×10^2+4×10^1+5×10^0+2×10^{-1}+3×10^{-2}+1×10^{-3}$$

其中，10^2、10^1、10^0、10^{-1}、10^{-2}、10^{-3} 等都是十进制数各位的权，它们都是 10 的幂。数码与权的乘积称为加权系数。所以十进制的数值就是各位加权系数之和。

2）二进制数

二进制数只有两个数码，即 0 和 1，所以二进制的基数是 2，它的计数规律是"逢二进一"，即 $0+0 = 0$，$0+1 = 1$，$1+1 = 10$，$10+1 = 11$，$11+1 = 100$，……各位的权是 2 的幂，例如：

$$(1101.101)_2 = 1×2^3+1×2^2+0×2^1+1×2^0+1×2^{-1}+0×2^{-2}+1×2^{-3}$$

3）二进制数与十进制数之间的相互转换

（1）二进制数转换成十进制数：只要将二进制数按权展开，再求出加权系数的和，便可以得到相应的十进制数。

【例 6-1】 将二进制数 101.001 转换成十进制数。

解： $(101.001)_2 = 1×2^2+0×2^1+1×2^0+0×2^{-1}+0×2^{-2}+1×2^{-3}$

$= 4+0+1+0+0+0.125$

$= (5.125)_{10}$

（2）十进制数转换成二进制数：需要将整数和小数分别转换，再将两部分结果合并，即可得到相应的二进制数，具体转换方法如下所述。

整数部分可采用"除 2 取余数，逆序排列法"，它是将整数部分逐次除 2，依次记下余数，直到商为 0 为止，第一个余数为最低位，最后一个为最高位。

小数部分可采用"乘 2 取整数，顺序排列法"，它是将小数部分连续乘以 2，取乘积数的整数部分，再依顺序排列得到二进制数的小数。

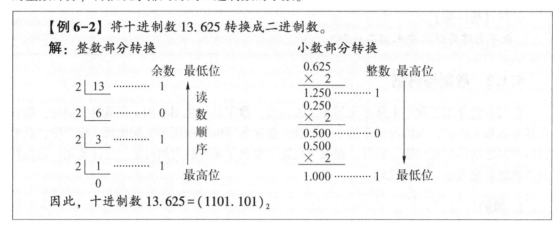

【例 6-2】 将十进制数 13.625 转换成二进制数。

解： 整数部分转换

因此，十进制数 $13.625 = (1101.101)_2$

2. 码制

码制是用一定位数的二进制数来表示十进制数或字符的方法。在数字电路中，经常使用的是用 4 位二进制数表示 1 位十进制数的 BCD 码。1 位十进制数 0~9 共 10 个数码，可用 4 位二进制数来表示，而 4 位二进制数共有 16 种组合方式，可选用其中 10 种组合来表示 0~9。因而就有多种 BCD 码，如有 8421BCD 码、2421BCD 码、余 3 码、余 3 循环码、BCD 格雷码等。其中，最常用的是 8421BCD 码，它是一种有权码，选用了 4 位二进制数的前 10 种组合 0000~1001，后 6 个组合（1010~1111）未用；每个代码从左到右的权值分别是 8、4、2、1。十进制数与 8421BCD 码的对应关系见表 6-1。

表 6-1 十进制数与 8421BCD 码的对应关系

十进制数	0	1	2	3	4	5	6	7	8	9
二进制数	0000	0001	0010	0011	0100	0101	0110	0111	1000	1001

8421BCD 码和十进制数之间的相互转换可直接按位代换进行，例如：

$$(35.2)_{10} = (0011\ 0101.0010)_{8421BCD} = (00110101.0010)_{8421BCD}$$
$$(1010110010000)_{8421BCD} = (0001\ 0101\ 1001\ 0000)_{8421BCD} = (1590)_{10}$$

【想一想】
什么是数制？数字电路中常用哪种数制？

6.2 逻辑代数基础

逻辑代数是分析数字电路的基本工具。利用逻辑代数可以对逻辑函数进行化简，化简后逻辑函数表达式越简单，与之对应的逻辑电路的结构就越简单，电路所用逻辑门的个数就越少，这样就降低了电路的成本，提高了逻辑门电路工作的稳定性。

6.2.1 逻辑代数的基本运算

1. 逻辑代数与逻辑变量

逻辑代数又称开关代数，是遵循一定逻辑规律运算的代数；与普通代数一样，逻辑代数也用字母表示变量，这种变量称为逻辑变量，其取值只有 0 和 1（这里的 0 和 1 不表示数值的大小，而表示对应的两种逻辑状态）。例如，1 和 0 可表示开关的闭合与打开、灯泡的亮与暗、晶体管的导通与截止、高电平和低电平、事件的真与假等。

2. 逻辑代数的三种基本运算

1）与运算

在如图 6-2（a）所示的开关串联电路中，要使灯泡 Y 亮，开关 A 和 B 都必须闭合，否则灯泡 Y 就灭；由此可见，当决定一个事情的全部条件都具备（开关 A 和 B 都闭合）时，事情才发生（灯泡 Y 亮），这种逻辑关系称为与逻辑。

如果用二进制数 1 表示开关 A、B 闭合，二进制数 0 表示开关 A、B 断开；用 1 表示灯泡 Y 亮状态，0 表示灯泡 Y 灭；用 A、B 表示条件，Y 就表示结果，可得到如图 6-2（b）所示的列表，这种用 0 和 1 表示条件的组合及对应结果的表格称为真值表。

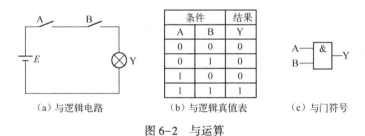

（a）与逻辑电路 　　　（b）与逻辑真值表 　　　（c）与门符号

图 6-2　与运算

由逻辑真值表可知，变量 A 和 B 的取值与函数 Y 之间满足逻辑乘的关系，这种关系用逻辑函数表达式表示为

$$Y = A \cdot B$$

式中的"·"读作与，又读作逻辑乘，通常可省略，即 $Y = AB$

逻辑乘又称与运算，能实现与运算的电路称为与门，其符号如图 6-2（c）所示。

2）或运算

在如图 6-3（a）所示的开关并联电路中，只要开关 A 和 B 任意一个闭合或两个同时闭合，灯泡 Y 亮；而当开关 A、B 均断开时，灯泡 Y 才灭。由此可见，当决定一个事情的全部条件中只要其中一个或一个以上条件得到满足，事情就发生（灯泡 Y 就亮），这种逻辑关系称为或逻辑。和与逻辑一样，可列出或逻辑真值表，如图 6-3（b）所示。分析该真值表可知，逻辑变量 A、B 的取值与函数 Y 值之间满足逻辑加的关系，其逻辑表达式为

$$Y = A + B$$

式中的"+"读作或，又读作逻辑加。逻辑加又称或运算，能够实现或运算的电路称为或门，其符号如图 6-3（c）所示。

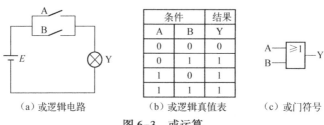

	条件		结果
	A	B	Y
	0	0	0
	0	1	1
	1	0	1
	1	1	1

（a）或逻辑电路　　　　　（b）或逻辑真值表　　　　（c）或门符号

图 6-3　或运算

3) 非运算

在如图 6-4（a）所示的电路中，当开关 A 闭合时，灯泡 Y 灭；当开 A 断开时，灯泡 Y 就亮。由此可见，当条件不具备时，事件反而发生了，这种逻辑关系称为非逻辑关系，又称非运算。图 6-4（b）所示的是非逻辑关系的真值表；其逻辑表达式为

$$Y = \overline{A}$$

式中的符号 "–" 读作非，读作 A 的非或 A 的反。能够实现非运算的电路称为非门，其符号如图 6-4（c）所示。

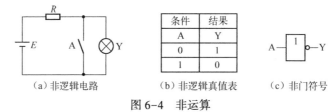

条件	结果
A	Y
0	1
1	0

（a）非逻辑电路　　　　　（b）非逻辑真值表　　　　（c）非门符号

图 6-4　非运算

3. 复合逻辑运算

在实际逻辑运算中，往往都是由"与"、"或"、"非"三种基本逻辑运算组合而成的复合逻辑运算。下面是三种常用的复合逻辑运算。

1) 与非运算

从图 6-5（a）可以看出，该逻辑运算是 A、B 先进行与运算，再进行非运算。图 6-5（b）所示为简化的与非逻辑符号，其逻辑表达式为

$$Y = \overline{AB}$$

2) 或非运算

从图 6-6（a）可以看出，该逻辑运算是 A、B 先进行或运算，再进行非运算。图 6-6（b）所示为简化的或非逻辑符号，其逻辑表达式为

$$Y = \overline{A+B}$$

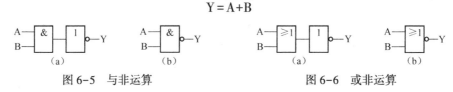

图 6-5　与非运算　　　　　　　　　图 6-6　或非运算

3) 与或非运算

从图 6-7（a）可以看出，该逻辑运算是 A 与 B 和 C 与 D 先同步进行与运算，然后将与运算结果 AB、CD 进行或运算，再将或的结果进行非运算，最后得运算结果。图 6-7（b）所示为简化的与或非逻辑符号，其逻辑表达式为

$$Y = \overline{AB+CD}$$

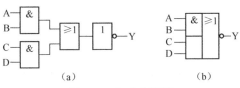

图 6-7 与或非运算

6.2.2 逻辑函数及其表示方法

1. 逻辑函数

从前面所述的几种逻辑关系中可以知道：把条件（输入逻辑变量）看作自变量，结果视为因变量（输入逻辑变量），只要输入逻辑变量的值确定后，输出逻辑变量的值也就确定了。所以输入逻辑变量与输出逻辑变量之间是一种对应的逻辑关系，这种逻辑关系就称为逻辑函数，其一般表达式可表示为

$$Y = f(A, B, C, \cdots)$$

式中：A、B、C 为输入逻辑变量；Y 为变量 A、B、C 的函数，也称输出逻辑变量；f 表示逻辑关系。

2. 逻辑函数的表示方法及相互转换

逻辑函数常用的表示方法有：表达式、真值表、逻辑图。在分析和设计数字电路时，这三种表示方法经常要相互转换。

1) 表达式

用与、或、非三种基本运算来表示输入逻辑变量与输出逻辑变量对应关系的代数式称为逻辑函数表达式。例如：

$$Y = A\overline{B} + \overline{A}B$$

2) 真值表

真值表是将输入逻辑表变量的各种可能取值的组合与其对应输出函数值排列成的表格。n 个输入逻辑变量就有 2^n 个不同的取值组合。由表达式列真值表时，只要将输入逻辑变量所取值组合代入表达式进行运算，再把相应的输出逻辑变量值填入表格，即可得到真值表。例如，$Y = A\overline{B} + \overline{A}B$ 的真值表见表 6-2。

由真值表转换成表达式时，要找出真值表中输出逻辑变量值为 1 的输入逻辑变量组合，输入逻辑变量值为 1 的写成原变量，为 0 的写成反变量，再把各变量相与，然后对各个与项进行或运算，即可得到逻辑函数表达式。例如，将表 6-3 转换成逻辑函数表达式。

表 6-2 与 $Y = A\overline{B} + \overline{A}B$ 对应的真值表

输入逻辑变量		输出逻辑变量
A	B	Y
0	0	0
0	1	1
1	0	1
1	1	0

表 6-3 真值表示例

输入逻辑变量		输出逻辑变量
A	B	Y
0	0	1
0	1	0
1	0	0
1	1	1

所以，有

$$Y = \overline{A}\,\overline{B} + AB$$

3）逻辑图

逻辑图是用逻辑符号及连接线表示逻辑函数的电路图，如图 6-8 所示。

由逻辑图转换成逻辑表达式时，可根据逻辑门的连接方式和每个逻辑门的功能写出。如图 6-8 所示的逻辑图，可从输入端向输出端推写出 $Y = AB + A\overline{C}$。当然，也可以从输出端向输入端推写。

由逻辑表达式转换成逻辑图时，可用逻辑表达式中运算用的逻辑符号表示完成。例如：$Y = \overline{A}B + B\overline{C}$ 中的 $\overline{A}$、$\overline{B}$ 都是非运算，就用非门来实现；$\overline{A}B$、$B\overline{C}$ 都是与运算，就用与门来实现；而 $\overline{A}B$ 和 $B\overline{C}$ 之间的或运算，就用或门来实现；因此最终的逻辑图如图 6-9 所示。

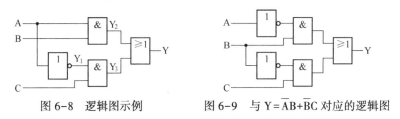

图 6-8　逻辑图示例　　　　图 6-9　与 $Y = \overline{A}B + B\overline{C}$ 对应的逻辑图

6.2.3　逻辑代数的基本定律及其公式法化简

1. 逻辑代数的基本定律

逻辑代数的基本定律是指用逻辑表达式来描写逻辑运算的一些基本规律，这是化简逻辑函数和分析、设计逻辑电路的基础。逻辑代数的基本定律见表 6-4。

表 6-4　逻辑代数的基本定律

序　　号	定　律　名　称	逻辑代数表达式
1	0-1 律	① A+1 = 1　② A · 0 = 0
2	自等律	① A+0 = A　② A · 1 = A
3	重叠律	① A+A = A　② A · A = A
4	互补律	① A+$\overline{A}$ = 1　② A · $\overline{A}$ = 0
5	非非律	$\overline{\overline{A}}$ = A
6	交换律	① A+B = B+A　② A · B = B · A
7	结合律	①（A+B）+C = A+（B+C）　②（A · B）· C = A ·（B · C）
8	分配律	① A+B · C =（A+B）（A+C）　② A ·（B+C）= AB+AC
9	反演律（摩根定律）	① $\overline{A+B}$ = $\overline{A}$ · $\overline{B}$　② $\overline{AB}$ = $\overline{A}$+$\overline{B}$
10	扩展律	A = A（B+$\overline{B}$）= AB+A$\overline{B}$
11	吸收律	① A+AB = A　② A（A+B）= A　③ A+$\overline{A}$B = A+B
12	冗余律	AB+$\overline{A}$C+BC = AB+$\overline{A}$C

2. 逻辑函数的公式法化简

逻辑函数的化简方法通常有公式法和卡诺图法，本节仅介绍公式法化简逻辑函数。所谓化简，就是将逻辑表达式化为最简单的表达式。在各种逻辑函数表达式中，与或表达式最常用。最简与或表达式的标准如下所述。

☺ 表达式中所含与项个数最少；

☺ 每个与项中的变量个数最少。

公式法化简是利用基本定律、常用公式对逻辑函数进行化简。下面是介绍4种常用的化简方法。

（1）并项法：利用公式 $A+\overline{A}=1$ 和 $AB+A\overline{B}=A$，将两项合并为一项，并消去一个变量。例如：

$$AB\overline{C}+ABC=AB(C+\overline{C})=AB$$

（2）吸收法：利用公式 $A+AB=A$ 将多余变量吸收。例如：

$$\overline{A}B+\overline{A}BCD=\overline{A}B$$

（3）消除法：利用公式 $A+\overline{A}B=A+B$ 消除多余变量。例如：

$$AB+\overline{A}C+\overline{B}C=AB+(\overline{A}+\overline{B})C=AB+\overline{AB}C=AB+C$$

（4）配项法：在适当项中，配上 $A+\overline{A}=1$ 的关系式，同其他项的变量进行化简。例如：

$$A\overline{B}+B\overline{C}+\overline{B}C+\overline{A}B$$

$$=A\overline{B}+B\overline{C}+(A+\overline{A})\overline{B}C+\overline{A}B(C+\overline{C})$$

$$=A\overline{B}+B\overline{C}+A\overline{B}C+\overline{A}\,\overline{B}C+\overline{A}BC+\overline{A}B\overline{C}$$

$$=A\overline{B}+A\overline{B}C+\overline{A}\,\overline{B}C+\overline{A}BC+\overline{A}B\overline{C}+B\overline{C}$$

$$=(A\overline{B}+A\overline{B}C)+(\overline{A}\,\overline{B}C+\overline{A}BC)+(\overline{A}B\overline{C}+B\overline{C})$$

$$=A\overline{B}(1+C)+\overline{A}(\overline{B}+B)C+(\overline{A}+1)B\overline{C}$$

$$=A\overline{B}+\overline{A}C+B\overline{C}$$

$$=A\overline{B}+B\overline{C}+C\overline{A}$$

在实际化简时，应综合上述4种方法，灵活应用进行化简。

【例6-3】 化简 $Y=AB+A\overline{B}+\overline{A}\,\overline{B}+\overline{A}B$。

解： $Y=AB+A\overline{B}+\overline{A}\,\overline{B}+\overline{A}B$

$\quad=A(B+\overline{B})+\overline{A}(B+\overline{B})$

$\quad=A+\overline{A}$

$\quad=1$

【例6-4】 化简 $Y=\overline{A}+AB+ACD$。

解： $Y=\overline{A}+AB+ACD$

$\quad=\overline{A}+A(B+CD)$

$\quad=\overline{A}+B+CD$

【例6-5】 化简 $Y=AB+\overline{A}\,\overline{C}+B\overline{C}$。

解： $Y=AB+\overline{A}\,\overline{C}+B\overline{C}$

$\quad=AB+\overline{A}\,\overline{C}+(A+\overline{A})B\overline{C}$

$\quad=AB+\overline{A}\,\overline{C}+AB\overline{C}+\overline{A}B\overline{C}$

$\quad=(AB+AB\overline{C})+(\overline{A}\,\overline{C}+\overline{A}\,\overline{C}B)$

$\quad=AB+\overline{A}\,\overline{C}$

6.3　逻辑门电路

在6.2节中，我们介绍了三种基本逻辑运算和几种常用的复合逻辑运算。在数字电路中，用于实现这些逻辑运算的电路称为逻辑门电路（简称门电路），它是构成数字电路的基本单元，可以用二极管、三极管等分立元器件组成，也可以制作成相应的集成门电路。

逻辑运算中的逻辑变量值1和0，在数字电路中是用高、低电平来表示的。用高电平表示1，用低电平表示0的情况称为正逻辑，反之称为负逻辑。本书均采用正逻辑。

6.3.1　分立元器件门电路

1. 与门电路

图6-10（a）所示为二输入端与门电路，由二极管和电阻构成；图6-10（b）所示的是

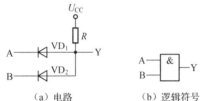

（a）电路　　（b）逻辑符号

图6-10　二输入端与门电路及其
逻辑符号

它的逻辑符号。其中，A、B是两个输入端，Y是输出端。设$U_{CC}=5V$，输入高电平 $U_{IH}=3V$，输入低电平 $U_{IL}=0V$，二极管正向导通电压 $U_D=0.7V$，下面分析它的逻辑功能。

（1）当输入 $U_A=U_B=0V$（A、B均为低电平）时二极管 VD_1、VD_2 都导通，输出 $U_Y=0.7V$，Y 为低电平。

（2）当输入 $U_A=0V$（低电平），$U_B=3V$（高电平）时，VD_1 优先导通使 VD_2 反偏截止，输出 $U_Y=0.7V$，Y 为低电平。

（3）当输入 $U_A=3V$（高电平），$U_B=0V$（低电平）时，VD_2 优先导通使 VD_1 反偏截止，输出 $U_Y=0.7V$，Y 为低电平。

（4）当输入 $U_A=U_B=3V$（A、B均为高电平）时，VD_1、VD_2 均导通，输出 $U_Y=3.7V$，Y 为高电平。

若用1表示高电平，0表示低电平，可先列出图6-10所示电路的电平真值表，然后将其转换成逻辑真值表，见表6-5和表6-6。

表6-5　二输入端与门电路的电平真值表

输　　入		输　　出
U_A/V	U_B/V	U_Y/V
0	0	0.7
0	3	0.7
3	0	0.7
3	3	3.7

表6-6　二输入端与门电路的逻辑真值表

输　　入		输　　出
A	B	Y
0	0	0
0	1	0
1	0	0
1	1	1

由与门电路真值表可以看出，与门电路的逻辑功能为"有0出0，全1出1"，其表达式为

$$Y=AB$$

2. 或门电路

图6-11（a）所示为二输入端或门电路，它也是由二极管、电阻构成的；图6-11（b）所示的是它的逻辑符号。图6-11中，A、B为输入变量，Y是输出变量；当输入A、B有一个为高电平（3V）时，输出Y为高电平（2.3V）；只有当输入A、B都为低电平（0V）时，其输出Y才为低电平（0V）。二输入端或门电路的电平真值表和逻辑真值表见表6-7和表6-8。

（a）电路　（b）逻辑符号

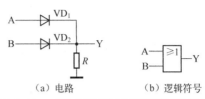

图6-11　二输入端或门电路及其逻辑符号

表6-7　二输入端或门电路的电平真值表

输　入		输　出
U_A/V	U_B/V	U_Y/V
0	0	0
0	3	2.3
3	0	2.3
3	3	2.3

表6-8　二输入端或门电路的逻辑真值表

输　入		输　出
A	B	Y
0	0	0
0	1	1
1	0	1
1	1	1

由或门电路真值表可以看出，或门电路的逻辑功能为“有1出1，全0出0”，其表达式为

$$Y=A+B$$

3. 非门电路

图6-12（a）所示为非门电路，由三极管、电阻构成；图6-12（b）所示的是它的逻辑符号。合理设置电路的参数，就可以使三极管工作在开关状态。当输入A为低电平（0）时，三极管处于截止状态，输出$U_Y=U_{CC}$，为高电平（1）；当输入A为高电平（1）时，三极管饱和导通，输出$U_Y=U_{CES}\approx 0.3V$，为低电平（0），其真值表见表6-9。

表6-9　非门电路的逻辑真值表

输　入	输　出
A	Y
0	1
1	0

（a）电路　（b）逻辑符号

图6-12　非门电路及其逻辑符号

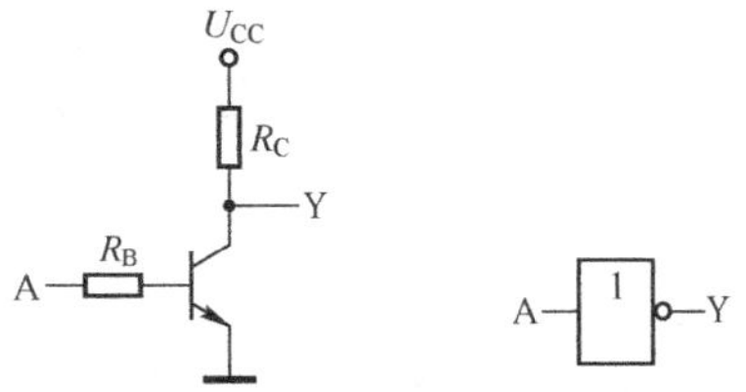

由非门电路真值表可以看出，非门电路的逻辑功能为“有0出1，有1出0”，其表达式为

$$Y=\overline{A}$$

6.3.2　集成TTL门电路

1. TTL与非门电路

TTL与非门的典型电路如图6-13（a）所示，图6-13（b）所示的是它的逻辑符号。

TTL 与非门的典型电路由以下三部分组成。

（1）输入级：由多发射极三极管 VT_1 和电阻 R_1 组成，其等效电路如图 6-13（c）所示。它相当于一个与门电路，所以在输入级就可以实现与逻辑功能。

（2）倒相级：由 VT_2、R_2 和 R_3 组成，从 VT_2 的集电极和发射极同时输出两个逻辑电平相反的信号，去控制输出管 VT_4、VT_5，使其工作在截然相反的工作状态。

（3）输出级：由 $VT_3 \sim VT_5$、R_4、R_5 构成的推拉式输出结构。

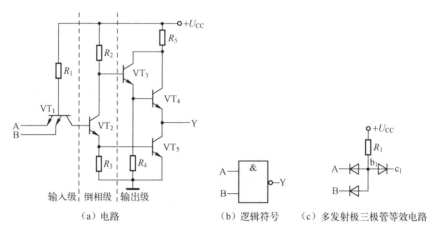

（a）电路　　　　　　（b）逻辑符号　　（c）多发射极三极管等效电路

图 6-13　TTL 与非门典型电路及其逻辑符号

TTL 与非门电路的工作原理如下所述。

（1）当输入端 A、B 至少有一个为低电平时，VT_1 饱和导通，VT_2、VT_5 均截止，导致 VT_3、VT_4 饱和导通，输出 Y 为高电平。

（2）当输入端 A、B 全部为高电平时，VT_1 倒置（反向导通）向 VT_2 提供基极电流，使得 VT_2、VT_5 饱和导通，此时 VT_2 的集电极电位约为 1V，可使 VT_3 导通，但不足以使 VT_4 导通，故 VT_4 截止，输出 Y 为低电平。

由此可知，TTL 与非门的输入与输出间的逻辑关系为 $Y = \overline{AB}$。

2. 其他功能的 TTL 与非门电路

1）集电极开路的与非门（又称 OC 门）

在实际应用中，往往要将多个与非门的输出端连接在一起使用，以此来实现具体的一些功能。但前面介绍的 TTL 与非门不允许输出端直接连接，否则会因电流过大而烧坏门电路。为解决此类问题，可采用集电极开路的与非门。

集电极开路的与非门电路如图 6-14（a）所示，图 6-14（b）所示的是它的逻辑符号。从电路图来看，与图 6-13（a）相比，OC 门少了 VT_3、VT_4、R_4、R_5，所以 OC 门的工作原理读者可以参照普通 TTL 与非门的原理自行分析。但要注意，由于 VT_5 的集电极开路，在使用 OC 门时，必须在输出端与电源之间接一个电阻 R_{pu}，如图 6-14（a）中虚线部分，此电阻又称上拉电阻。

2）三态输出门（又称 TS 门或 3S 门）

前面所介绍的门电路的输出只有 0 和 1 两种状态，属低阻输出。而三态门不仅可以输出

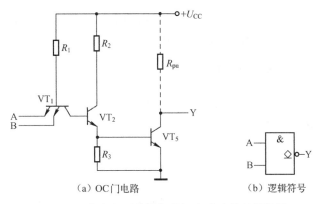

（a）OC门电路　　　　　　　　（b）逻辑符号

图 6-14　集电极开路的与非门电路及其逻辑符号

0 和 1 两种状态，还可以输出第三种状态：高组态 Z，此状态的输出端相当于开路。三态输出门电路及其逻辑符号如图 6-15 所示。

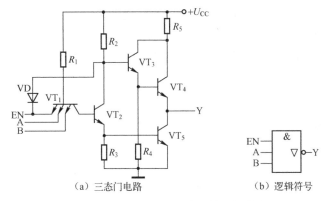

（a）三态门电路　　　　　　　　（b）逻辑符号

图 6-15　三态输出门电路及其逻辑符号

由图 6-15（a）可知，此电路是在普通 TTL 与非门的基础上，在 VT_1 的发射极和 VT_3 的基极之间多接了一个二极管 VD，VT_1 的一个发射极作为控制端 EN，当 EN = 1（高电平）时，VD 截止，对电路无影响，实现与非功能 $Y = \overline{AB}$；当 EN = 0（低电平）时，二极管 VD 导通，这样就使得三极管 $VT_3 \sim VT_5$ 均截止，所以此时从输出端看，电路处于高阻状态。

6.3.3　使用 TTL 门电路时应注意的事项

1. 滤除电源干扰

由于工作电源的通断或其他因素会在电源线上产生干扰脉冲，所以在 PCB 上的电源进线处对地并接一个 10~50μF 的电解电容；在 PCB 上，每隔 5 个集成电路要加接一个 0.01~0.1μF 的高频电容，以滤除干扰脉冲。

2. 多余输入端的处理

在具体使用时，一般不要让多余的输入端悬空，以防止因干扰信号侵入而产生不必要的错误运算。对于与门、与非门，可将未用的输入端通过一个 $1 \sim 10 k\Omega$ 的电阻接到电源 U_{CC} 上；对于或门、或非门，可将未用的输入端接地。

3. 输出端不允许直接接地或电源

因为 TTL 门电路的输出端没有短路保护措施，所以不允许将其直接接地或电源，应通过 $3 \sim 5.1 k\Omega$ 的电阻接地或电源。

4. 安装和焊接工艺

（1）连线要尽量短。

（2）整体接地要良好，地线要粗、短；电源地与信号地要分开（隔离）。

（3）焊接工具（电烙铁）的功率最好在 35W 以下。

【想一想】

（1）在逻辑电路中，正逻辑和负逻辑是怎样规定的？

（2）试说明 OC 门的逻辑功能，它有什么特点和用途？

（3）试说明三态输出门的逻辑功能，它有什么特点和用途？

（4）使用集成 TTL 门电路时应注意哪些问题？

6.4　实验与实训

1. 实验目的

☺ 熟悉 TTL 与非门逻辑功能的测试方法。

☺ 熟悉 TTL 门电路的应用注意事项。

2. 实验器材

序号	名　　　称	规　　格	数　　量	备　　注
1	三输入与非门	74LS10	1个	
2	逻辑开关		3个	
3	LED		1个	
4	示波器		1个	
5	矩形脉冲信号发生器		1个	
6	电子电工实验台		1个	

3. 实验内容及步骤

（1）按照图 6-16 所示，在电子电工实验台上搭建 TTL 与非门实验电路（一）。

（2）根据表 6-10 设定输入 A、B、C 的逻辑电平，通过观察 LED 的显示结果，判断输出 Y 的结果，并将其填入表 6-1 中。

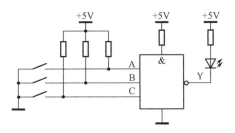

图 6-16　TTL 与非门实验电路（一）

表 6-10　TTL 与非门实验电路（一）真值表

输　　入			输　　出
A	B	C	Y
0	0	0	
0	0	1	
0	1	0	
0	1	1	
1	0	0	
1	0	1	
1	1	0	
1	1	1	

（3）按照图 6-17 所示，在电子电工实验台上搭建 TTL 与非门实验电路（二）。从 A 端输入矩形脉冲信号（4V、1Hz），将逻辑开关分别置于闭合和断开状态，使用示波器观察 Y 端的输出波形，并将其记入在表 6-11 中。

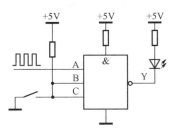

图 6-17　TTL 与非门实验电路（二）

表 6-11　TTL 与非门实验电路（二）真值表

输　　入		输　　出
A	B 和 C	Y
⊓⊔⊓⊔⊓⊔	1	
⊓⊔⊓⊔⊓⊔	0	

4. 实验结果分析

（1）分析表 6-10 中的实验结果，写出图 6-16 所示电路的逻辑表达式。

（2）分析表 6-11 中的实验结果，总结图 6-17 所示电路中逻辑开关的控制作用。

【习题】

6.1 完成下列十进制数与二进制数之间的相互转换。

(1) $(16)_{10} = ($ $)_2$

(2) $(10.25)_{10} = ($ $)_2$

(3) $(10010)_2 = ($ $)_{10}$

(4) $(1011.110)_2 = ($ $)_{10}$

6.2 完成下列十进制数与8421BCD码之间的相互转换。

(1) $(14)_{10} = ($ $)_{8421BCD}$

(2) $(256.49)_{10} = ($ $)_{8421BCD}$

(3) $(0001001110010101)_{8421BCD} = ($ $)_{10}$

(4) $(101111000.001010)_{8421BCD} = ($ $)_{10}$

6.3 用公式法化简下列逻辑函数。

(1) $Y = \overline{A}B + AC + \overline{B}C$

(2) $Y = \overline{ABCD}$

(3) $Y = \overline{A}C + A\overline{B}C$

(4) $Y = AB + AC + \overline{A}B + B\overline{C}$

6.4 已知逻辑图如图6-18所示,写出其逻辑表达式,并列出真值表。

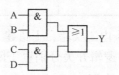

图6-18 习题6.4图

6.5 列出下述问题的真值表,并写出其表达式,画出逻辑图:设A、B、C三个输入信号,如果三个输入信号均为0或其中一个信号为1,则输出Y为1;其他情况下Y=0。

第7章　组合逻辑电路

7.1　组合逻辑电路的基础知识

7.1.1　组合逻辑电路的特点及逻辑功能的表示方法

按照逻辑功能的不同，数字电路分为两类，即组合逻辑电路（简称组合电路）和时序逻辑电路（简称时序电路）。

1. 组合逻辑电路的特点

组合逻辑电路的特点是，任何时刻的输出状态，仅取决于该时刻电路的输入信号，而与电路原来的状态无关。

2. 组合逻辑电路逻辑功能的表示方法

组合逻辑电路逻辑功能的表示方法有：逻辑函数表达式、真值表、逻辑电路图、波形图及卡诺图。

7.1.2　组合逻辑电路的分析与设计

1. 组合逻辑电路的分析方法

分析一个给定的逻辑电路，就是要分析、找出该电路的逻辑功能来。组合逻辑电路的分析可按下列步骤进行。

（1）根据逻辑电路写出表达式，由输入到输出逐级推导出输出表达式。

（2）化简：用代数法或卡诺图将得到的逻辑函数表达式化简为最简式或进行适当变换。

（3）根据化简后的表达式，写出真值表。

（4）由真值表或最简式，确定该电路的逻辑功能。

【例7-1】组合逻辑电路的逻辑图如图7-1所示，试分析该电路的逻辑功能。

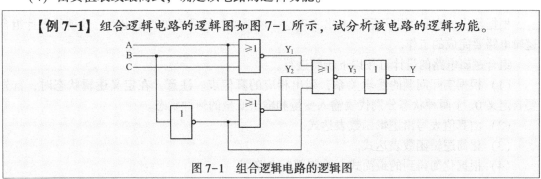

图 7-1　组合逻辑电路的逻辑图

解：（1）逐级写出输出表达式：

$$Y_1 = \overline{A+B+C}$$

$$Y_2 = \overline{A+\overline{B}}$$

$$Y_3 = \overline{Y_1+Y_2+\overline{B}}$$

$$Y = \overline{Y_3} = \overline{\overline{Y_1+Y_2+\overline{B}}} = Y_1+Y_2+\overline{B}$$

$$= \overline{A+B+C} + \overline{A+\overline{B}} + \overline{B}$$

（2）化简：

$$Y = \overline{A+B+C} + \overline{A+\overline{B}} + \overline{B} = \overline{A}\,\overline{B}\,\overline{C} + \overline{A}B + \overline{B}$$

$$= \overline{A}B + (\overline{A}\,\overline{B}\,\overline{C}+\overline{B}) = \overline{A}B + \overline{B}(\overline{A}\,\overline{C}+1) = \overline{A}B + \overline{B} = \overline{A}+\overline{B}$$

（3）写出真值表：根据化简得到的表达式写出真值表，见表7-1。

表 7-1　例 7-1 的真值表

输　　入			输　　出
A	B	C	Y
0	0	0	1
0	0	1	1
0	1	0	1
0	1	1	1
1	0	0	1
1	0	1	1
1	1	0	0
1	1	1	0

（4）描述电路的逻辑功能：由真值表可以看出，电路的输出 Y 仅与输入 A、B 相关，而与输入 C 无关。Y 和 A、B 的逻辑关系为：A、B 中只要有一个为 0，Y=1；当 A、B 全为 1 时，Y=0。

2. 组合逻辑电路的设计步骤

根据给出的实际逻辑问题，求出实现这一逻辑功能的最简单逻辑电路，这就是设计组合逻辑电路要完成的工作。

组合逻辑电路的设计可按以下步骤进行。

（1）根据实际问题的逻辑关系，列出相应的真值表。注意，在定义逻辑状态时，首先要自定义 0、1 两种状态分别代表输入变量和输出变量的何种状态。

（2）由真值表写出逻辑函数表达式。

（3）化简逻辑函数表达式。

（4）根据化简得到的最简式，绘制逻辑电路图。

【例7-2】 设计一个用楼梯开关控制楼梯灯的逻辑电路：上楼时用楼下开关点亮楼梯灯，上楼后用楼上开关熄灭楼梯灯；下楼时用楼上开关点亮楼梯灯，下楼后用楼下开关熄灭楼梯灯。

解：(1) 由逻辑要求列出真值表：假设楼上开关为 A，楼下开关为 B，楼梯灯为 Y；A、B 闭合时为 1，断开时为 0；Y＝1 表示楼梯灯点亮，Y＝0 表示楼梯灯熄灭。根据逻辑要求列出的真值表见表7-2。

表7-2　例7-2的真值表

输	入	输　　出
A	B	Y
0	0	0
0	1	1
1	0	1
1	1	0

(2) 由表7-2可直接写出逻辑函数表达式：

$$Y = A\overline{B} + \overline{A}B = A \oplus B$$

(3) 化简：上式已为最简式，不必化简。

(4) 根据逻辑函数表达式，画出逻辑图，如图7-2所示。在实际应用中，可以应用两个单刀双掷开关来实现这一功能，如图7-3所示。

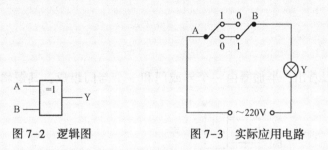

图7-2　逻辑图　　　　图7-3　实际应用电路

【想一想】

(1) 组合逻辑电路的特点是什么？

(2) 组合逻辑电路的表示方法有哪些？

(3) 如何分析组合逻辑电路？

7.2　加法器

对于两个二进制数之间的算术运算，目前在计算机中都将其转换成若干加法来实现。因此，加法器是计算机中完成算术运算的基本单元。

7.2.1 半加器

1. 定义

半加器是一种不考虑低位来的进位，只考虑本位的两个 1 位二进制数求和的逻辑电路。

2. 真值表

设 A_n、B_n 为两个 1 位二进制数，S_n 为本位和数，C_n 是向高位的进位，根据二进制加法运算规则可列出半加器的真值表，见表 7-3。

表 7-3　半加器的真值表

输　　入		输　　出	
A_n	B_n	S_n	C_n
0	0	0	0
0	1	1	0
1	0	1	0
1	1	0	1

3. 表达式

$S_n = \overline{A_n}B_n + A_n\overline{B_n} = A_n \oplus B_n$

$C_n = A_n B_n$

4. 逻辑图

从表达式可以看出，半加器由一个异或门和一个与门组成，其逻辑图和符号如图 7-4 所示。

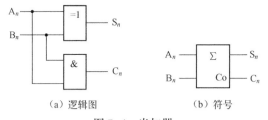

（a）逻辑图　　　　　　（b）符号

图 7-4　半加器

7.2.2 全加器

1. 定义

全加器是指能对两个 1 位二进制数进行相加并考虑低位来的进位（相当于 3 个 1 位二进制数相加），求得和及进位的逻辑电路。全加器有 3 个输入端（A_n、B_n、低位来的进位 C_{n-1}）和两个输出端（本位和 S_n、向高位的进位 C_n）。

2. 真值表

根据二进制加法运算规则，列出全加器的真值表，见表7-4。

表 7-4 全加器的真值表

输　　入			输　　出	
A_n	B_n	C_{n-1}	S_n	C_n
0	0	0	0	0
0	0	1	1	0
0	1	0	1	0
0	1	1	0	1
1	0	0	1	0
1	0	1	0	1
1	1	0	0	1
1	1	1	1	1

3. 表达式

根据真值表可直接写出 S_n 和 C_n 的逻辑函数表达式：

$$S_n = \overline{A}_n\overline{B}_nC_{n-1} + \overline{A}_nB_n\overline{C}_{n-1} + A_n\overline{B}_n\overline{C}_{n-1} + A_nB_nC_{n-1}$$

$$C_n = \overline{A}_nB_nC_{n-1} + A_n\overline{B}_nC_{n-1} + A_nB_n\overline{C}_{n-1} + A_nB_nC_{n-1}$$

4. 化简

$$S_n = \overline{A}_n\overline{B}_nC_{n-1} + \overline{A}_nB_n\overline{C}_{n-1} + A_n\overline{B}_n\overline{C}_{n-1} + A_nB_nC_{n-1}$$

$$= \overline{A}_n(\overline{B}_nC_{n-1} + B_n\overline{C}_{n-1}) + A_n(\overline{B}_n\overline{C}_{n-1} + B_nC_{n-1})$$

$$= \overline{A}_n(B_n \oplus C_{n-1}) + A_n(B_n \odot C_{n-1})$$

$$= \overline{A}_n(B_n \oplus C_{n-1}) + A_n(\overline{B_n \oplus C_{n-1}})$$

$$= A_n \oplus (B_n \oplus C_{n-1})$$

$$= (A_n \oplus B_n) \oplus C_{n-1}$$

$$C_n = \overline{A}_nB_nC_{n-1} + A_n\overline{B}_nC_{n-1} + A_nB_n\overline{C}_{n-1} + A_nB_nC_{n-1}$$

$$= (\overline{A}_nB_n + A_n\overline{B}_n + A_nB_n)C_{n-1} + A_nB_n\overline{C}_{n-1}$$

$$= [\overline{A}_nB_n + A_n(\overline{B}_n + B_n)]C_{n-1} + A_nB_n\overline{C}_{n-1}$$

$$= [\overline{A}_nB_n + A_n]C_{n-1} + A_nB_n\overline{C}_{n-1}$$

$$= (B_n + A_n)C_{n-1} + A_nB_n\overline{C}_{n-1}$$

$$= B_nC_{n-1} + A_nC_{n-1} + A_nB_n\overline{C}_{n-1}$$

$$= B_nC_{n-1} + A_n(C_{n-1} + B_n\overline{C}_{n-1})$$

$$= B_nC_{n-1} + A_n(C_{n-1} + B_n)$$

$$= B_nC_{n-1} + A_nC_{n-1} + A_nB_n$$

5. 逻辑图

根据 S_n 和 C_n 的逻辑函数表达式绘制的全加器的逻辑图和符号如图 7-5 所示。

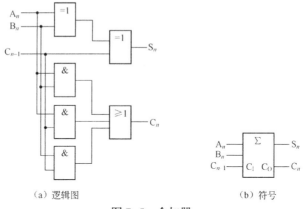

（a）逻辑图   （b）符号

图 7-5   全加器

【想一想】

（1）全加器与半加器有何不同？有何联系？

（2）仿照全加器的设计思路，能设计一个二进制 1 位全减器吗？假设 A_n 为被减数，B_n 为减数，J_n 为高位来的借位，Z_n 为输出（差值）。

7.3   编码器

所谓编码，就是将符号或数码按规律编排，使其代表某种特定的含义。例如，学校给每个班级编排的班级代号；电信局分配给每个用户的电话号码；等等。而在数字电路中，将若干个 0、1 按一定的规律编排在一起，编成不同代码，并将这些代码赋予特定的含义，这就是某种二进制编码。

在编码过程中，要注意确定二进制代码的位数。一般 n 位二进制数有 2^n 个状态，可表示 2^n 种特定含义。例如：1 位二进制数只有 0、1 两种状态；2 位二进制数有 00、01、10、11 四种状态。根据被编码信号的不同特点和要求，编码器可分为普通编码器（任何时刻只允许一个编码信号输入，否则输出会发生混乱）和优先编码器（允许多个信号同时输入，但电路只对其中优先级别最高的信号进行编码），而每类又可分为二进制编码器和二–十进制编码器。

7.3.1   二进制普通编码器

用 n 位二进制代码对 2^n 个信号进行编码的电路，称为二进制普通编码器。图 7-6 所示为 3 位二进制普通编码器示意图，该二进制编码器的真值表见表 7-5。

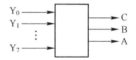

图 7-6   3 位二进制普通编码器示意图

表 7-5 3 位二进制普通编码器真值表

十进制数	输　　入								输　　出		
	Y_7	Y_6	Y_5	Y_4	Y_3	Y_2	Y_1	Y_0	A	B	C
0	0	0	0	0	0	0	0	1	0	0	0
1	0	0	0	0	0	0	1	0	0	0	1
2	0	0	0	0	0	1	0	0	0	1	0
3	0	0	0	0	1	0	0	0	0	1	1
4	0	0	0	1	0	0	0	0	1	0	0
5	0	0	1	0	0	0	0	0	1	0	1
6	0	1	0	0	0	0	0	0	1	1	0
7	1	0	0	0	0	0	0	0	1	1	1

由表 7-5 可以列出 A、B、C 的逻辑函数表达式：

$$A = Y_4 + Y_5 + Y_6 + Y_7 = \overline{\overline{Y_4} \cdot \overline{Y_5} \cdot \overline{Y_6} \cdot \overline{Y_7}}$$

$$B = Y_2 + Y_3 + Y_6 + Y_7 = \overline{\overline{Y_2} \cdot \overline{Y_3} \cdot \overline{Y_6} \cdot \overline{Y_7}}$$

$$C = Y_1 + Y_3 + Y_5 + Y_7 = \overline{\overline{Y_1} \cdot \overline{Y_3} \cdot \overline{Y_5} \cdot \overline{Y_7}}$$

由上述逻辑函数表达式可以绘制 3 位二进制普通编码器的逻辑图，如图 7-7 所示。

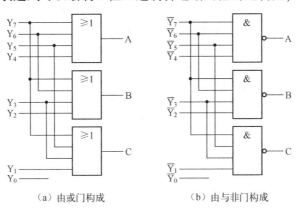

（a）由或门构成　　　　　　（b）由与非门构成

图 7-7 3 位二进制普通编码器的逻辑图

7.3.2 二进制优先编码器

目前，最常用的集成 3 位二进制（8 线-3 线）优先编码器主要有 74LS148。74LS148 的真值表见表 7-6（输入低电平有效）。74LS148 的引脚排列如图 7-8 所示。

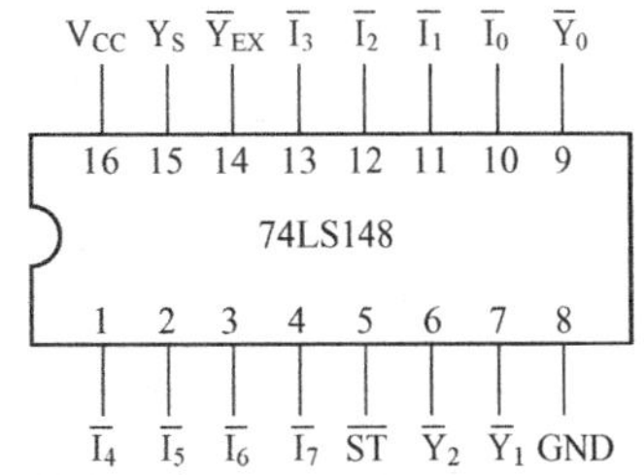

其中：$\overline{ST}$ 为使能输入端，低电平有效；Y_S 为使能输出端，通常接至低位芯片的输出端，Y_S 与 $\overline{ST}$ 配合可以实现多级编码器之间的优先级别的控制；$\overline{Y_{EX}}$ 为扩展输出端，是控制标志，$\overline{Y_{EX}} = 0$ 表示编码输出，$\overline{Y_{EX}} = 1$ 表示非编码输出。

V_{CC}　Y_S　$\overline{Y_{EX}}$　$\overline{I_3}$　$\overline{I_2}$　$\overline{I_1}$　$\overline{I_0}$　$\overline{Y_0}$

16　15　14　13　12　11　10　9

74LS148

1　2　3　4　5　6　7　8

$\overline{I_4}$　$\overline{I_5}$　$\overline{I_6}$　$\overline{I_7}$　$\overline{ST}$　$\overline{Y_2}$　$\overline{Y_1}$　GND

图 7-8 74LS148 引脚排列

表 7-6 74LS148 的真值表

$\overline{ST}$	$\overline{I_7}$	$\overline{I_6}$	$\overline{I_5}$	$\overline{I_4}$	$\overline{I_3}$	$\overline{I_2}$	$\overline{I_1}$	$\overline{I_0}$	$\overline{Y_2}$	$\overline{Y_1}$	$\overline{Y_0}$	$\overline{Y_{EX}}$	Y_S
			输 入								输 出		
1	×	×	×	×	×	×	×	×	1	1	1	1	1
0	1	1	1	1	1	1	1	1	1	1	1	1	0
0	0	×	×	×	×	×	×	×	0	0	0	0	1
0	1	0	×	×	×	×	×	×	0	0	1	0	1
0	1	1	0	×	×	×	×	×	0	1	0	0	1
0	1	1	1	0	×	×	×	×	0	1	1	0	1
0	1	1	1	1	0	×	×	×	1	0	0	0	1
0	1	1	1	1	1	0	×	×	1	0	1	0	1
0	1	1	1	1	1	1	0	×	1	1	0	0	1
0	1	1	1	1	1	1	1	0	1	1	1	0	1

7.3.3　二-十进制编码器

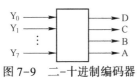

图 7-9　二-十进制编码器

将十进制整数的 0~9 编成二进制代码的电路称为二-十进制编码器。要对 10 个信号进行编码，至少需要 4 位二进制数，所以它的输出信号为 4 位，因此这种编码器也称 10 线-4 线编码器。二-十进制编码器如图 7-9 所示，二-十进制编码器的真值表见表 7-7。

表 7-7　二-十进制编码器的真值表

输入	输出			
Y	A	B	C	D
0（Y_0）	0	0	0	0
1（Y_1）	0	0	0	1
2（Y_2）	0	0	1	0
3（Y_3）	0	0	1	1
4（Y_4）	0	1	0	0
5（Y_5）	0	1	0	1
6（Y_6）	0	1	1	0
7（Y_7）	0	1	1	1
8（Y_8）	1	0	0	0
9（Y_9）	1	0	0	1

从真值表可以列出其逻辑函数表达式：

$$A = Y_8 + Y_9 = \overline{\overline{Y_8}\ \overline{Y_9}}$$

$$B = Y_4 + Y_5 + Y_6 + Y_7 = \overline{\overline{Y_4}\ \overline{Y_5}\ \overline{Y_6}\ \overline{Y_7}}$$

$$C = Y_2 + Y_3 + Y_6 + Y_7 = \overline{\overline{Y_2}\ \overline{Y_3}\ \overline{Y_6}\ \overline{Y_7}}$$

$$D = Y_1 + Y_3 + Y_5 + Y_7 + Y_9 = \overline{\overline{Y_1}\ \overline{Y_3}\ \overline{Y_5}\ \overline{Y_7}\ \overline{Y_9}}$$

由上述逻辑函数表达式绘制出逻辑图如图 7-10 所示。

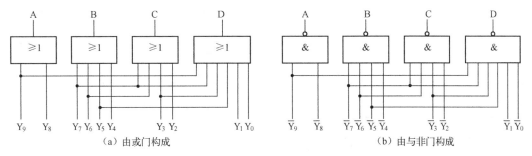

图 7-10　二-十进制编码器逻辑图

【想一想】

(1) 普通编码器与优先编码器有何不同？

(2) 可否用两个 74LS148 实现 16 线-4 线编码器？如果可以，应该怎样设计？

7.4　译码器

在数字系统中，为了便于读取数据，通常用显示器件将熟悉的十进制数直观地显示出来。因此，在编码器与显示器件之间要进行"翻译"，这种"翻译"的过程称为译码，能够实现译码功能的逻辑电路称为译码器。常用的译码器有二进制译码器、二-十进制译码器和显示译码器三种。

7.4.1　二进制译码器

将二进制代码"翻译"成对应的输出信号的电路称为二进制译码器。设二进制译码器的输入端有 n 个，则输出端有 $2n$ 个，且与输入代码的每种状态对应，$2n$ 个输出中只有一个为 1（或为 0），其余全为 0（或为 1）。

3 线-8 线译码器 74LS138 是最常用的一种二进制译码器，它的引脚排列如图 7-11 所示。图中，A_2、A_1、A_0 为二进制译码器输入端，$\overline{Y_0} \sim \overline{Y_7}$ 为译码器输出端（低电平有效），G_1、$\overline{G_{2A}}$、$\overline{G_{2B}}$ 为选通控制端。当 $G_1 = 1$、$\overline{G_{2A}} = \overline{G_{2B}} = 0$ 时，译码器处于工作状态；当 $G_1 = 0$，$\overline{G_{2A}} = \overline{G_{2B}} = 1$ 时，译码器处于禁止状态。74LS138 真值表见表 7-8。

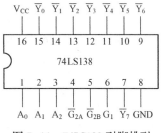

图 7-11　74LS138 引脚排列

表 7-8 74LS138 真值表

输入					输出							
G_1	$\overline{G_2}$	A_1	A_2	A_3	$\overline{Y_7}$	$\overline{Y_6}$	$\overline{Y_5}$	$\overline{Y_4}$	$\overline{Y_3}$	$\overline{Y_2}$	$\overline{Y_1}$	$\overline{Y_0}$
×	1	×	×	×	1	1	1	1	1	1	1	1
0	×	×	×	×	1	1	1	1	1	1	1	1
1	0	0	0	0	1	1	1	1	1	1	1	0
1	0	0	0	1	1	1	1	1	1	1	0	1
1	0	0	1	0	1	1	1	1	1	0	1	1
1	0	0	1	1	1	1	1	1	0	1	1	1
1	0	1	0	0	1	1	1	0	1	1	1	1
1	0	1	0	1	1	1	0	1	1	1	1	1
1	0	1	1	0	1	0	1	1	1	1	1	1
1	0	1	1	1	0	1	1	1	1	1	1	1

7.4.2 二-十进制译码器

将二-十进制代码"翻译"成 0~9 十个十进制整数信号的电路称为二-十进制译码器。74LS42 是常用的二-十进制译码器,其引脚排列如图 7-12 所示,其真值表见表 7-9。

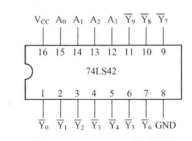

图 7-12 74LS42 引脚排列

表 7-9 74LS42 的真值表

编号	输入				输出									
	A_3	A_2	A_1	A_0	$\overline{Y_0}$	$\overline{Y_1}$	$\overline{Y_2}$	$\overline{Y_3}$	$\overline{Y_4}$	$\overline{Y_5}$	$\overline{Y_6}$	$\overline{Y_7}$	$\overline{Y_8}$	$\overline{Y_9}$
0	0	0	0	0	0	1	1	1	1	1	1	1	1	1
1	0	0	0	1	1	0	1	1	1	1	1	1	1	1
2	0	0	1	0	1	1	0	1	1	1	1	1	1	1
3	0	0	1	1	1	1	1	0	1	1	1	1	1	1
4	0	1	0	0	1	1	1	1	0	1	1	1	1	1
5	0	1	0	1	1	1	1	1	1	0	1	1	1	1
6	0	1	1	0	1	1	1	1	1	1	0	1	1	1
7	0	1	1	1	1	1	1	1	1	1	1	0	1	1
8	1	0	0	0	1	1	1	1	1	1	1	1	0	1
9	1	0	0	1	1	1	1	1	1	1	1	1	1	0

编号	输入				输出									
	A_3	A_2	A_1	A_0	$\overline{Y_0}$	$\overline{Y_1}$	$\overline{Y_2}$	$\overline{Y_3}$	$\overline{Y_4}$	$\overline{Y_5}$	$\overline{Y_6}$	$\overline{Y_7}$	$\overline{Y_8}$	$\overline{Y_9}$
伪码	1	0	1	0	1	1	1	1	1	1	1	1	1	1
	1	0	1	1	1	1	1	1	1	1	1	1	1	1
	1	1	0	0	1	1	1	1	1	1	1	1	1	1
	1	1	0	1	1	1	1	1	1	1	1	1	1	1
	1	1	1	0	1	1	1	1	1	1	1	1	1	1
	1	1	1	1	1	1	1	1	1	1	1	1	1	1

【想一想】

(1) 译码的含义是什么？为什么说译码是编码的逆过程？译码器和编码器在电路组成上有什么不同？

(2) 如何用两个 74LS138 组合成 4 线-16 线译码器？

7.5 实验与实训

1. 实验目的

掌握集成译码器、数码显示管的使用方法。

2. 实验器材

序号	名　　称	规　　格	数　　量	备　　注
1	7 段显示译码器	74LS48	1 个	
2	共阴极数码显示管	LDD680	1 个	
3	数字万用表		1 个	
4	电子电工实验台		1 个	

3. 实验内容及步骤

(1) 在电子电工实验台上，按照图 7-13 所示搭建译码显示电路。

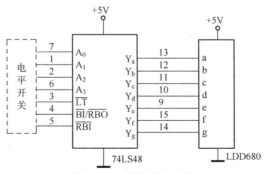

图 7-13　译码显示电路

（2）按照表 7-10 中的要求，测试 74LS48 的逻辑功能，并将测试结果填入表中。

表 7-10　74LS48 逻辑功能测试表

输　　　入						$\overline{BI}/\overline{RBO}$	输　　　出							字符或功能
$\overline{LT}$	$\overline{RBI}$	A_3	A_2	A_1	A_0		Y_a	Y_b	Y_c	Y_d	Y_e	Y_f	Y_g	
1	1	0	0	0	0	1								
1	×	0	0	0	1	1								
1	×	0	0	1	0	1								
1	×	0	0	1	1	1								
1	×	0	1	0	0	1								
1	×	0	1	0	1	1								
1	×	0	1	1	0	1								
1	×	0	1	1	1	1								
1	×	1	0	0	0	1								
1	×	1	0	0	1	1								
0	×	×	×	×	×	1								

4. 实验结果分析

根据表 7-10 中的测试结果，简要说明显示 0~9 时，应怎样设置 74LS48 的 $\overline{LT}$、$\overline{RBI}$、$\overline{BI}/\overline{RBO}$。

【习题】

7.1　组合逻辑电路的特点是该电路任意时刻的输出状态取决于此时该电路＿＿＿信号，与信号作用前电路＿＿＿无关。

7.2　组合逻辑电路逻辑功能的表达方法有＿＿＿、＿＿＿、＿＿＿、＿＿＿。

7.3　根据被编码信号的不同特点和要求，编码器可分为＿＿＿、＿＿＿、＿＿＿、＿＿＿。

7.4　判断下面命题的对与错。

（1）数字电路可分为组合逻辑电路和时序逻辑电路两类。　　　　　　（　　）

（2）常用的计算机键盘是由译码器组成的。　　　　　　　　　　　　（　　）

（3）常见的 8 线–3 线编码器中有 8 个输出端和 3 个输入端。　　　　（　　）

7.5　用与非门设计一个举重裁判表决电路。设举重比赛有 3 个裁判，一个主裁判和两个副裁判。杠铃完全举起的裁决由每一个裁判按一下自己面前的按钮来确定。只有当两个或两个以上裁判判明成功，并且其中有一个为主裁判时，表明成功的灯才亮。

7.6　某技术培训班开设 4 门课程，其中 A 为必修课，B、C、D 为选修课。培训章程规定，学员经考试后，必修课 A 且至少有 2 门选修课及格，方可获得结业证书。试设计一个能判断合格者的逻辑电路，并画出电路图。

第8章 时序逻辑电路

8.1 时序逻辑电路的基础知识

时序逻辑电路简称时序电路，它由组合逻辑电路和存储电路两部分组成，如图8-1所示。

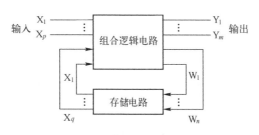

图8-1 时序逻辑电路框图

1. 时序逻辑电路的特点及其逻辑功能的表示方法

时序逻辑电路的特点：电路任意时刻的输出状态不仅与同一时刻的输入信号相关，而且与电路原有的状态相关。时序逻辑电路逻辑功能的表示方法有逻辑方程（时钟方程、驱动方程、状态方程和输出方程）、状态转换表、状态转换图、时序图。

2. 时序逻辑电路的分类

时序逻辑电路按时钟脉冲的不同分为同步时序逻辑电路和异步时序逻辑电路两大类。同步时序逻辑电路是指电路中所有触发器都要受到同一时间信号脉冲控制的时序逻辑电路。数字计算系统中的数码寄存器、计数器及数字显示电路等都是时序逻辑电路的基本单元电路。

8.2 触发器

触发器是数字电路中的另一类基本单元电路。触发器具备两个稳定状态（0状态和1状态），能接收、保持和输出信号。所以，触发器可以记忆1位二值信号。根据逻辑功能的不同，触发器可以分为RS触发器、同步触发器、JK触发器、D触发器、T触发器；按照结构形式的不同，又可分为基本RS触发器、同步触发器、主从触发器和边沿触发器。

8.2.1 基本 RS 触发器

1. 基本 RS 触发器电路组成、逻辑符号及工作原理

将两个与非门的输入端与输出端交叉相连，就组成了一个基本 RS 触发器。它的逻辑图和逻辑符号如图 8-2 所示。信号输入端 $\overline{R}$、$\overline{S}$ 低电平有效，Q 端为触发器的输出端。

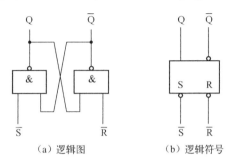

（a）逻辑图　　　　　　（b）逻辑符号

图 8-2　基本 RS 触发器的逻辑图和逻辑符号

---

0 态是指 Q=0、$\overline{Q}$=1，1 态是指 Q=1、$\overline{Q}$=0。

现态用 Q^n 表示，代表触发器原来的状态（信号作用前的状态）；次态用 Q^{n+1} 表示，代表触发器经外界信号作用后的新状态。

基本 RS 触发器的工作原理如下所述。

（1）$\overline{R}$=0、$\overline{S}$=1 时：由于 $\overline{R}$=0，不论原来 Q 为 0 还是 1，都有 $\overline{Q}$=1；再由 $\overline{S}$=1、$\overline{Q}$=1 可得 Q=0。即不论触发器原来处于什么状态，都将变成 0 状态，这种情况称为触发器置 0 或复位。$\overline{R}$ 端称为触发器的置 0 端或复位端。

（2）$\overline{R}$=1、$\overline{S}$=0 时：由于 $\overline{S}$=0，不论原来 $\overline{Q}$ 为 0 还是 1，都有 Q=1；再由 $\overline{R}$=1、Q=1 可得 $\overline{Q}$=0。即不论触发器原来处于什么状态，都将变成 1 状态，这种情况称为触发器置 1 或置位。$\overline{S}$ 端称为触发器的置 1 端或置位端。

（3）$\overline{R}$=1、$\overline{S}$=1 时：由与非门的逻辑功能可知，此时触发器保持原有状态不变，即原来的状态被触发器储存起来，这体现了触发器具有记忆功能。

（4）$\overline{R}$=0、$\overline{S}$=0 时：Q=$\overline{Q}$=1，这不符合触发器的逻辑关系。由于与非门延迟时间不可能完全相等，当两个输入端的 0 同时撤除后，将不能确定触发器是处于 1 状态还是 0 状态。所以不允许触发器出现这种情况，这是基本 RS 触发器的约束条件。

2. 基本 RS 触发器的状态转换表、状态方程及信号波形图的绘制

由上述分析可知，基本 RS 触发器具有置 0、置 1 和保持功能。其状态转换表（真值表）见表 8-1。

表 8-1　基本 RS 触发器状态转换表

$\overline{R}$	$\overline{S}$	Q^n	Q^{n+1}	功　能
0	0	0	不确定	不允许
0	0	1	不确定	
0	1	0	0	$Q^{n+1}=0$ 置0
0	1	1	0	
1	0	0	1	$Q^{n+1}=1$ 置1
1	0	1	1	
1	1	0	0	$Q^{n+1}=Q^n$ 保持
1	1	1	1	

基本 RS 触发器的状态方程为

$$\begin{cases} Q^{n+1}=S+\overline{R}Q^n \\ \overline{R}+\overline{S}=1（约束条件） \end{cases}$$

反映触发器输入信号取值和状态之间对应关系的图形称为波形图。对于基本 RS 触发器，应根据其状态转换表绘制波形图。

【例 8-1】 由与非门构成的基本 RS 触发器 $\overline{R}$、$\overline{S}$ 端上的信号波形如图 8-3 所示，试在输入波形下绘制 Q、$\overline{Q}$ 端的信号波形（假定触发器的初始状态为 0 态）。

解：已知 $\overline{R}$、$\overline{S}$ 的波形，根据状态转换表可绘制 Q 和 $\overline{Q}$ 的波形，如图 8-3 所示。

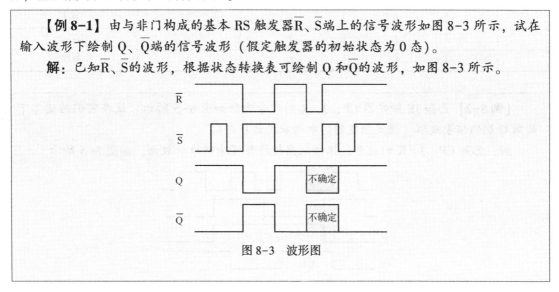

图 8-3　波形图

8.2.2　时钟控制的触发器

1. JK 触发器

JK 触发器的逻辑符号如图 8-4 所示，其状态转换表见表 8-2。从状态转换表可知，JK 触发器具有置0、置1、保持和翻转功能。

JK 触发器的状态方程为

$$Q^{n+1}=J\,\overline{Q^n}+\overline{K}Q^n（CP 下降沿到来时有效）$$

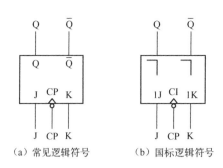

（a）常见逻辑符号　　　　（b）国标逻辑符号

图 8-4　JK 触发器的逻辑符号

表 8-2　JK 触发器的状态转换表

J	K	Q^n	Q^{n+1}	功　　能
0	0	0	0	$Q^{n+1}=Q^n$ 保持
0	0	1	1	
0	1	0	0	$Q^{n+1}=0$ 置0
0	1	1	0	
1	0	0	1	$Q^{n+1}=1$ 置1
1	0	1	1	
1	1	0	1	$Q^{n+1}=\overline{Q^n}$ 翻转
1	1	1	0	

【例 8-2】已知 JK 触发器 CP、J、K 的信号波形如图 8-5 所示。试在它们的波形下绘制 Q 端的信号波形（假定触发器的初始状态为 0 态）。

解：已知 CP、J、K 的波形，根据状态转换表可绘制 Q 的波形，如图 8-5 所示。

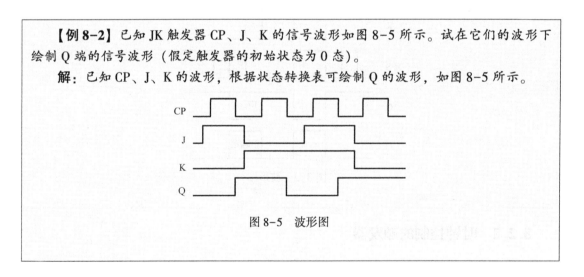

图 8-5　波形图

2. D 触发器

将 JK 触发器的 J 端信号通过非门接到 K 端，使得 $K=\overline{J}$，触发器的输入信号从 J 端加入，这就构成了 D 触发器，其逻辑图和逻辑符号如图 8-6 所示，其状态转换表见表 8-3。由状态转换表可知，D 触发器具有跟随功能。D 触发器信号波形图可以根据其状态转换表绘出，其状态方程为

$$Q^{n+1} = D(\text{CP 下降沿到来时有效})$$

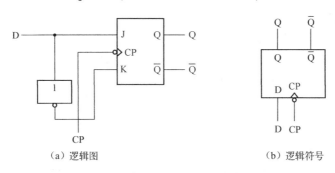

| （a）逻辑图 | （b）逻辑符号 |

图 8-6　D 触发器的逻辑图和逻辑符号

表 8-3　D 触发器状态转换表

D	Q^{n+1}	逻辑功能
0	0	置0
1	1	置1

3. T 触发器

把 JK 触发器的输入端 J、K 连接在一起作为输入端 T，这就构成了 T 触发器。T 触发器的逻辑图和逻辑符号如图 8-7 所示，其状态转换表见表 8-4。由状态转换表可知，T 触发器具有保持、翻转功能。T 触发器信号波形图可以根据其状态转换表绘出，其状态方程为

$$Q^{n+1} = T\overline{Q^n} + \overline{T}Q^n = T \oplus Q^n$$

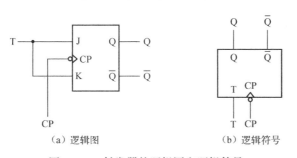

| （a）逻辑图 | （b）逻辑符号 |

图 8-7　T 触发器的逻辑图和逻辑符号

表 8-4　T 触发器状态转换表

T	Q^n	Q^{n+1}	逻辑功能
0	0	0	$Q^{n+1} = Q^n$ 保持
0	1	1	
1	0	1	$Q^{n+1} = \overline{Q^n}$ 翻转
1	1	0	

8.3　计数器

统计输入脉冲个数的操作称为计数，能实现计数操作的电路称为计数器。

计数器在数字电路中有广泛的应用，它除了用于计数，还可用于分频、定时、测量等。

计数器种类很多：按计数器的进制不同，可分为二进制计数器、十进制计数器及 N 进制计数器；按计数器中的触发器是否同步翻转分类，可分为同步计数器和异步计数器；按计数器中的数字增减分类，可分为加法计数器、减法计数器和可逆计数器。

8.3.1　二进制计数器

1. 异步二进制加法计数器

图 8-8 所示的是 3 位异步二进制加法计数器，它由 3 个 JK 触发器组成，低位的输出端 Q_0 接到高一位的控制端 CP 处，只有最低位 FF_0 的控制端 CP 接收计数脉冲 CP。每个触发器的 J、K 端都接高电平，处于计数状态。当各个触发器的控制端 CP 接收到由 1 变为 0 的负跳变信号时，触发器的状态就翻转。

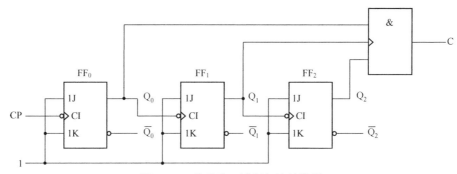

图 8-8　3 位异步二进制加法计数器

工作原理：FF_0 每输入一个下降时钟脉冲翻转一次，FF_1 在 Q_0 由 1 变 0 时翻转，FF_2 在 Q_1 由 1 变 0 时翻转。按此规律，随着计数脉冲 CP 的不断输入，各触发器的状态转换见表 8-5。图 8-9 所示为 3 位异步二进制加法计数器的波形图。

表 8-5　3 位异步二进制加法计数器状态转换表

输入 CP 脉冲序号	计数状态		
序号	Q_2	Q_1	Q_0
0	0	0	0

输入 CP 脉冲序号	计数状态		
序号	Q_2	Q_1	Q_0
1	0	0	1
2	0	1	0
3	0	1	1
4	1	0	0
5	1	0	1
6	1	1	0
7	1	1	1
8	0	0	0

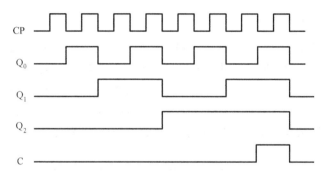

图 8-9　3 位异步二进制加法计数器的波形图

2. 异步二进制减法计数器

图 8-10 所示的是 3 位异步二进制减法计数器。该电路与异步加法计数器相似，区别在于将低位的 $\overline{Q}$ 端与高一位的 CP 端相连。因此，当低位触发器的状态 Q 由 0 变为 1 时，$\overline{Q}$ 由 1 变为 0，即为负跳变脉冲；当高一位触发器的 CP 端接收到这个负跳变脉冲时，它的状态就会翻转。而当低位触发器的状态由 1 变为 0 时，高一位触发器将收到正跳变脉冲，其状态保持不变。以此类推，可列出 3 位异步二进制减法计数器的状态转换表，见表 8-6。

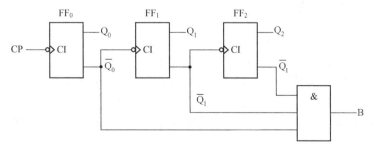

图 8-10　3 位异步二进制减法计数器

表 8-6　3 位异步二进制减法计数器状态表

输入 CP 脉冲序号	计数状态		
序号	Q_2	Q_1	Q_0
1	1	1	1
2	1	1	0
3	1	0	1
4	1	0	0
5	0	1	1
6	0	1	0
7	0	0	1
8	0	0	0

3. 二进制同步计数器

为了提高计数速度，应将计数脉冲送到每个触发器的时钟脉冲输入端 CP 处，使各个触发器的状态变化与计数脉冲同步，用这种方式组成的计数器称为同步计数器。

3 位同步二进制加法计数器如图 8-11 所示。计数器中每个触发器翻转的条件是：FF_0 每输入一个时钟脉冲翻转一次，$J_0 = K_0 = 1$；FF_1 在 $Q_0 = 1$ 时，在下一个 CP 触发沿到来时翻转，$J_1 = K_1 = Q_0$；FF_2 在 $Q_0 = Q_1 = 1$ 时，在下一个 CP 触发沿到来时翻转，$J_2 = K_2 = Q_1 \cdot Q_0$。

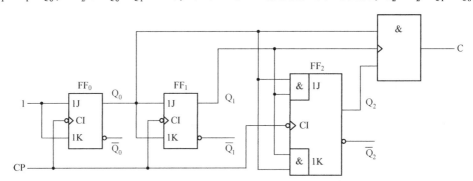

图 8-11　3 位同步二进制加法计数器

8.3.2 十进制计数器

二进制计数器结构简单，运算方便。但是，人们对二进制数总不如对十进制数那么熟悉，因此在有些场合，应用十进制计数器显得比较方便。

异步十进制加法计数器如图 8-12 所示。它由 4 个负边沿触发的 JK 触发器组成，其中 FF_3 的输入端 J 的信号是 Q_1、Q_2 的逻辑与，FF_3 的输出信号 $\overline{Q_3}$ 反馈到 FF_1 的 J 端。

由逻辑图可以看出，异步十进制加法计数器是在异步二进制加法计数器的基础上改进而成的。

如果计数器从 0000 开始计数，由图 8-12 可知，在第 8 个脉冲以前 FF_0、FF_1、FF_2 的 J 和 K 始终为 1，即工作在翻转状态，因而工作过程和异步二进制加法计数器的相同。在此期

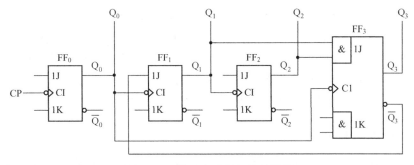

图 8-12 异步十进制加法计数器

间，虽然 Q_0 输出的脉冲也送给了 FF_3，但由于每次 Q_0 的下降沿到达时，$J_3 = Q_1 = Q_2 = 0$，所以 FF_3 一直保持 0 状态不变。

当第 8 个计数脉冲输入时，由于 $J_3 = K_3 = 1$，所以 Q_0 下降沿到达后，Q_3 由 0 变为 1。同时，J_1 也随 $\overline{Q_3}$ 变为 0。第 9 个计数脉冲输入后，电路状态变为 $Q_3 Q_2 Q_1 Q_0 = 1001$，第 10 个计数脉冲输入后，FF_0 翻转成 0，同时 Q_0 的下降沿使 FF_3 也置为 0，于是电路从 1001 返回到 0000，跳过了 1010~1111 这 6 个状态，成为十进制计数器。

8.4 寄存器

寄存器是一种重要的数字逻辑器件，常用于接收、暂存、传递数码及指令等信息。众所周知，一个触发器有两个稳定状态，可以存放 1 位二进制数码；若要存放 n 位二进制数码，就需要用 n 个触发器组成的寄存器来存储。

按照功能的不同，寄存器分为数码寄存器和移位寄存器。

8.4.1 数码寄存器

数码寄存器是简单的存储器，只具备接收、暂存数码和清除原有数码的功能。图 8-13 所示为用 D 触发器组成的 4 位数码寄存器。4 个触发器的时钟脉冲输入端连在一起，作为接收数码的控制端。$D_0 \sim D_3$ 为寄存器的数码输入端，$Q_0 \sim Q_3$ 为数据的输出端，各触发器的 $\overline{R_D}$ 端连在一起作为寄存器的总清零端 $\overline{CR}$（低电平有效）。其工作过程如下所述。

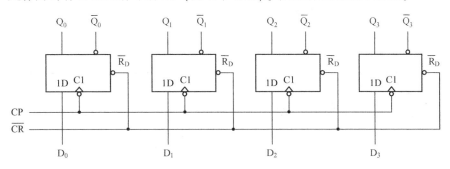

图 8-13 4 位数码寄存器

（1）清零：当 $\overline{CR}=0$ 时，异步清零，即 $Q_3^n Q_2^n Q_1^n Q_0^n=0000$。

（2）送数：当 $\overline{CR}=1$ 时，CP 上升沿送数，即 $Q_3^{n+1} Q_2^{n+1} Q_1^{n+1} Q_0^{n+1}=D_3 D_2 D_1 D_0$。

（3）保持：当 $\overline{CR}=1$ 时，在 CP 上升沿以外时间，寄存器内容将保持不变。

不难看出，这种寄存器在接收数码时，各位数码是同时输入的；输出数码时，也是同时输出的。因此，这种寄存器属于并行输入、并行输出数码寄存器。

8.4.2 移位寄存器

移位寄存器是在数码寄存器的基础上发展而来的，它除了有存放数码的功能，还具有数码移位的功能。移位寄存器分为单向移位寄存器和双向移位寄存器两大类。

1. 单向移位寄存器

1）右移寄存器

所谓右移，是指将数据从触发器的低位移向触发器的高位。图 8-14 所示为用 D 触发器组成的 4 位右移寄存器。其中，FF_0 是最低位的触发器，FF_3 是最高位的触发器，从左到右依次排列。每个低位触发器的输出端 Q 与高一位触发器的输入端 D 相接。整个电路只有最低位触发器 FF_0 的输入端 D 接收输入的数码。

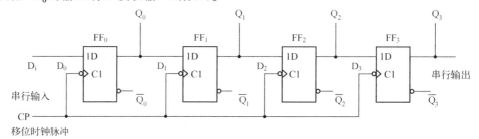

图 8-14　4 位右移寄存器

该电路的逻辑功能分析如下。

（1）列方程。

时钟方程：$CP_0=CP_1=CP_2=CP_3=CP$

驱动方程：$D_0=D_i$、$D_1=Q_0^n$、$D_2=Q_1^n$、$D_3=Q_2^n$

状态方程：$Q_0^{n+1}=D_i$、$Q_1^{n+1}=Q_0^n$、$Q_2^{n+1}=Q_1^n$、$Q_3^{n+1}=Q_2^n$

（2）列出状态转换表（见表 8-7）。

表 8-7　4 位右移寄存器状态转换表

输　　入		现　　态				次　　态				说　　明
D_i	CP	Q_0^n	Q_1^n	Q_2^n	Q_3^n	Q_0^{n+1}	Q_1^{n+1}	Q_2^{n+1}	Q_3^{n+1}	
1	↑	0	0	0	0	1	0	0	0	连续输入 4 个 1； ↑ 表示上升沿
1	↑	1	0	0	0	1	1	0	0	
1	↑	1	1	0	0	1	1	1	0	
1	↑	1	1	1	0	1	1	1	1	

从状态转换表中可以发现，右移寄存器具有串行输入、串行输出的特点。

2) 左移寄存器

所谓左移，就是将数据从触发器的高位移向低位。4 位左移寄存器如图 8-15 所示。它也是由 4 个 D 触发器构成的，电路结构与右移寄存器相似，不同的是串接的顺序变为由高位到低位。寄存的数码从最高位的 D 端输入，再从最低位 Q 端串行输出。

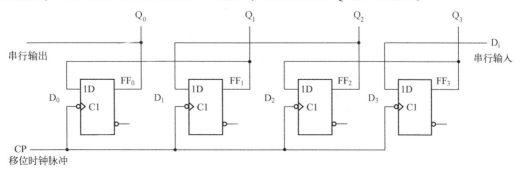

图 8-15 4 位左移寄存器

该电路的逻辑功能分析如下。

（1）列方程。

时钟方程：$CP_0 = CP_1 = CP_2 = CP_3 = CP$

驱动方程：$D_0 = Q_1^n$、$D_1 = Q_2^n$、$D_2 = Q_3^n$、$D_3 = D_i$

状态方程：$Q_0^{n+1} = Q_1^n$、$Q_1^{n+1} = Q_2^n$、$Q_2^{n+1} = Q_3^n$、$Q_3^{n+1} = D_i$

（2）列出状态转换表（见表 8-8）。

表 8-8 4 位左移寄存器状态转换表

输　　入		现　　态				次　　态				说　　明
D_i	CP	Q_0^n	Q_1^n	Q_2^n	Q_3^n	Q_0^{n+1}	Q_1^{n+1}	Q_2^{n+1}	Q_3^{n+1}	
1	↑	0	0	0	0	0	0	0	1	连续输入 4 个 1；↑ 表示上升沿
1	↑	0	0	0	1	0	0	1	1	
1	↑	0	0	1	1	0	1	1	1	
1	↑	0	1	1	1	1	1	1	1	

3）单向移位寄存器的特点

（1）单向移位寄存器中的数码，在 CP 脉冲的操作下，可以依次右移或左移。

（2）n 位单向移位寄存器可以寄存 n 位二进制数码，n 个 CP 脉冲即可完成串行输出操作。

（3）若串行输入端状态一直为 0，则 n 个 CP 脉冲后，寄存器便被清零。

2. 双向移位寄存器

在数字电路中，常需要寄存器按不同的控制信号进行左移或右移。具有右移和左移两种移位方式的寄存器称为双向移位寄存器。

集成 4 位双向移位寄存器 74LS194 的引脚排列如图 8-16 所示。74LS194 的控制引脚说明见表 8-9。

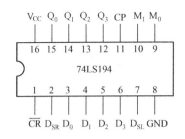

图 8-16　74LS194 的引脚排列

表 8-9　74LS194 的控制引脚说明

$\overline{CR}$	M_1	M_0	CP	工作状态
0	×	×	×	异步清零
1	0	0	×	保持
1	0	1	↑	右移
1	1	0	↑	左移
1	1	1	×	并行输入

【想一想】

（1）寄存器有哪两种类型？

（2）数码寄存器的工作原理是什么？

（3）移位寄存器有哪些功能？

8.5　实验与实训

1. 实验目的

掌握集成计数器、显示译码器的使用方法。

2. 实验器材

序号	名　　称	规格	数量	备注
1	7 段显示译码器	74LS48	1个	
2	二/五/十进制计数器	74LS290	1个	
3	共阴极数码显示管	LDD680R	1个	
4	数字万用表		1个	
5	电子电工实验台		1个	

3. 实验内容及步骤

（1）在电子电工实验台上按照图 8-17 所示搭建计数实验电路。

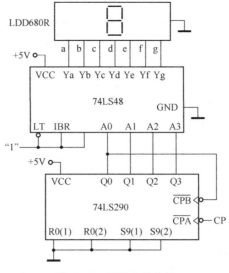

图 8-17　计数实验电路

（2）按照表 8-10 中的要求，测试 74LS290 的逻辑功能，并将测试结果填入表中。

表 8-10　74LS290 逻辑功能测试表

R0(1)	R0(2)	S9(1)	S9(2)	$\overline{CPA}$	$\overline{CPB}$	Q3	Q2	Q1	Q0
1	1	0	×	×	×				
1	1	×	0	×	×				
×	×	1	1	×	×				
0	×	0	×	×	×				
×	0	×	0	×	×				
0	×	×	0	×	×				
×	0	0	×	×	×				

4. 实验结果分析

（1）若在实验中出现数码管某些字段显示不亮或数码不正确等情况，应该如何排除故障？

（2）如何利用现有元器件搭建 BCD8421 码十进制加法计数器？

（3）如何利用现有元器件搭建八进制加法计数器？

【习题】

8.1　触发器具有＿＿个稳定状态，在输入信号消失后，它能保持＿＿＿＿＿＿不变。

8.2　与非门构成的基本 RS 触发器，输入端是＿＿＿＿和＿＿＿＿，输出端是＿＿＿和＿＿＿＿。将＿＿＿＿＿＿称为触发器状态的 0 状态，＿＿＿＿＿＿称为触发器的 1 状态。

8.3 在时钟脉冲下，JK 触发器输入端 J＝0、K＝0 时触发器状态为_____；J＝0、K＝1 时触发器状态为_____；J＝1、K＝0 时触发器状态为_____；J＝1、K＝1 时触发器状态随 CP 脉冲的到来而_____。

8.4 在 CP 脉冲到来后，D 触发器的状态与其_____的状态相同。

8.5 T 触发器受 T 端输入信号控制，T 为_____时，不计数；T 为_____时，计数。因此，它是一种可控的计数器。

8.6 寄存器具有_____、_____和_____数码的功能。它可分为_____和_____两大类。

8.7 双向移位寄存器中的数码既能_____，又能_____。

8.8 判断下面命题的对与错。

(1) 当 CP 处于下降沿时，触发器的状态一定发生翻转。　　　　　（　　）

(2) T 触发器是 JK 触发器在 J＝K 条件下的特殊情况的电路。　　（　　）

(3) 左移寄存器的串行输入端应按照先高位后低位的顺序输入代码。（　　）

(4) 计数器计数前无须先清零。　　　　　　　　　　　　　　　　（　　）

(5) 在异步计数器中，当时钟脉冲达到时，各触发器的翻转是同时发生的。（　　）

第9章　脉冲波形的产生与变换

9.1　555定时器的构成及工作原理

脉冲波形的产生与变换一般有两种方法：一种是利用单稳态触发器、施密特触发器，另一种是由多谐振荡器来完成。这些电路通常用555定时器和外接数个阻容元件构成。555定时器是一种多用途单片集成电路，它有双极性和单极性CMOS两大类，双极性产品型号的最后3位数字是555，CMOS产品型号的最后4位数字是7555。下面以CC7555集成定时器为例进行分析。

图9-1（a）所示的是CC7555内部结构的简化电路，图9-1（b）所示的是它的引脚排列。由图可见，电路中有两个电压比较器A_1和A_2、一个RS触发器、一个放电管VT、两个反相器G_1和G_2、3个5kΩ的电阻构成分压器（故命名为555电路）。

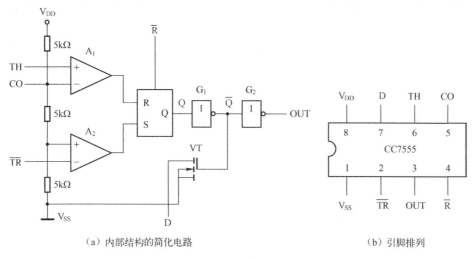

（a）内部结构的简化电路　　　　　　　　　（b）引脚排列

图9-1　CC7555定时器

1. RS触发器

RS触发器的状态受比较器A_1和A_2的控制。$\overline{R}$为直接置0端，即在$\overline{R}$端加低电平可使定时器直接置0（Q=1，$\overline{Q}$=1，OUT=0）；$\overline{R}$端不用时，应接高电平。

2. 电压比较电路

电压比较器A_1和A_2与3个分压电阻构成电压比较电路。

（1）当阈值输入端 TH 电压超过 V_{DD} 时，电压比较器 A_1 输出高电平，使 RS 触发器置 0，输出 Q=0，而 $\overline{Q}=1$ 使放电管 VT 导通。

（2）当触发输入端 $\overline{TR}$ 电压低于 $V_{DD}/3$ 时，电压比较器 A_2 输出高电平，使 RS 触发器置 1，输出 Q=1，而 $\overline{Q}=0$ 使放电管 VT 截止。

（3）当阈值输入端 TH 电压低于 $\frac{2}{3}V_{DD}$、触发输入端 $\overline{TR}$ 电压高于 $V_{DD}/3$ 时，电压比较器 A_1、A_2 输出为 0，即 R、S 均为 0，输出维持不变。

（4）如果在控制端 CO 外加一个控制电压，可改变电路的阈值输入电压和触发器输入电压。若 CO 端不用，一般要通过一个 0.01μF 的电容接地，以旁路高频交流信号，保证该端电压稳定在 $\frac{2}{3}V_{DD}$。

3. 放电管 VT

放电管 VT 的状态受 $\overline{Q}$ 控制，当 $\overline{Q}=0$ 时，VT 截止；当 $\overline{Q}=1$ 时，VT 导通，外接电容可经 D 端通过 VT 放电，所以称 D 为放电端。

555 定时器功能表见表 9-1。

表 9-1　555 定时器功能表

阈值输入 TH	触发输入端 $\overline{TR}$	复位 $\overline{R}$	输出 OUT	开关管 VT
×	×	0	0	导通
$>\frac{2}{3}V_{DD}$	$>\frac{1}{3}V_{DD}$	1	0	导通
$<\frac{2}{3}V_{DD}$	$>\frac{1}{3}V_{DD}$	1	原状态	原状态
$<\frac{2}{3}V_{DD}$	$<\frac{1}{3}V_{DD}$	1	1	截止

9.2　555 定时器的应用

9.2.1　用 CC7555 构成单稳态触发器

单稳态触发器只有一种稳定状态（稳态），如果没有外加触发信号，则电路保持这一稳定状态不变；当外加触发信号时，电路能够从稳定状态翻转到另一种状态，但这个状态只是暂时的（称之为暂稳态），经过一段时间后，靠电路自身的作用又自动返回到原来的稳定状态。暂稳态维持时间的长短仅取决于电路本身的参数，与外加触发信号无关。

由 CC7555 定时器构成的单稳态触发器电路如图 9-2（a）所示。图中，R_T、C_T 为外接定时元件，输入触发信号加在 $\overline{TR}$ 端。下面分析该电路的工作过程。

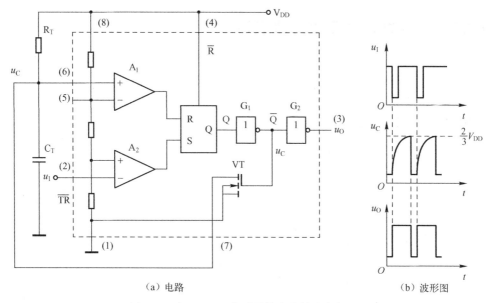

（a）电路 　　　　　　　　　　　　（b）波形图

图 9-2　由 CC7555 定时器构成的单稳态触发器

1. 稳态

接通电源后，电源 V_{DD} 通过 R_T 向 C_T 充电，当电容电压 $u_C \geqslant \dfrac{2}{3} V_{DD}$ 时。电压比较器 A_1 输出高电平，触发器置 0，输出端电压 $U_O = 0$，$\overline{Q} = 1$，放电管 VT 导通，定时电容 C_T 通过 VT 放电使 U_C 下降；这时只要 $\overline{TR}$ 端电压大于 $\dfrac{1}{3} U_C$，输出一直维持低电平不变，电路处于稳定状态。

2. 暂稳态

当触发输入端 $\overline{TR}$ 输入负脉冲，且低于 $\dfrac{1}{3} V_{DD}$ 时，这时电压比较器 A_2 输出高电平，RS 触发器置 1，$Q = 1$，$\overline{Q} = 0$，电路输出的低电平跳变到高电平，放电管 VT 截止，V_{DD} 又对定时电容 C_T 充电，电路处于暂稳态。C_T 的充电回路由 $V_{DD} \rightarrow R_T \rightarrow C_T \rightarrow$ 地。充电时间为 $R_T C_T$，当充电电压 U_C 上升到 $\dfrac{2}{3} V_{DD}$ 时，电压比较器 A_1 输出高电平，使 RS 触发器置 0，$Q = 0$，$\overline{Q} = 1$，放电管 VT 导通，C_T 又通过 VT 放电，电路结束暂稳态自动返回到稳态，电路输出又从高电平跳变到低电平，完成了一次单稳态触发的全过程。其工作波形如图 9-2（b）所示。

3. 输出脉冲宽度 t_w

输出脉冲宽度取决于充电的时间常数 $R_T C_T$（即 U_C 由零被充到 $\dfrac{2}{3} V_{DD}$ 所需时间）。按经验公式计算：

$$t_w \approx 1.1 R_T C_T$$

9.2.2 用 CC7555 构成的多谐振荡器

多谐振荡器又称矩形波发生器,是一种非稳态电路,只有两个暂稳态。它无须外加触发信号,只要接通电源就能自动产生一定频率和宽度的矩形脉冲。

由 CC7555 定时器构成的多谐振荡器如图 9-3 所示。图中,R_1、R_2、C_T 为外接定时元件。下面分析它的工作过程。

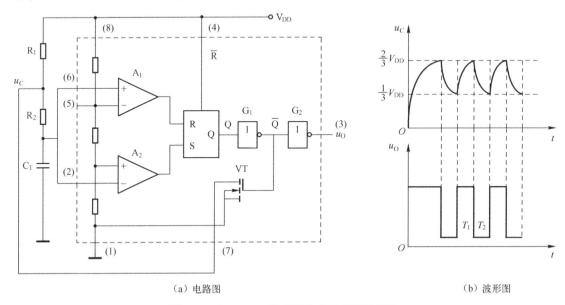

|（a）电路图|（b）波形图|

图 9-3　由 CC7555 定时器构成的多谐振荡器

1. 第一暂稳态

在接通电源的瞬间,电容 C_T 来不及充电,电容器两端的电压 $U_C = 0$,电压比较器 A_1 输出低电平,A_2 输出高电平,此时 RS 触发器置 1,$Q = 1$、$\overline{Q} = 0$ 使放电管 VT 截止。V_{DD} 对定时电容 C_T 充电,充电回路为 $V_{DD} \rightarrow R_1 \rightarrow R_2 \rightarrow C_T \rightarrow$ 地,充电时间为 $(R_1 + R_2)C_T$,电路处于第一暂稳态。

2. 第二暂稳态

当定时电容电压上升到 $\frac{2}{3}V_{DD}$ 时,电压比较器 A_1 输出高电平,使 RS 触发器置 0,$Q = 0$、$\overline{Q} = 1$,此时结束第一暂稳态,放电管 VT 导通,定时电容放电,放电回路为 $u_C \rightarrow R_2 \rightarrow VT \rightarrow$ 地,放电时间为 $R_2 C_T$,电路处于第二暂稳态。

当定时电容放电下降到小于 $\frac{1}{3}V_{DD}$ 时,电压比较器 A_1 输出低电平,A_2 输出高电平,此时 RS 触发器置 1,$Q = 1$,$\overline{Q} = 0$,使放电管 VT 截止,结束第二暂稳态。重复上述过程,产生振荡,在输出端得到持续的矩形脉冲,其波形图如图 9-3（b）所示。

3. 振荡周期 T

由输出波形可知，振荡周期是电容 C_T 的充电时间 T_1 与放电时间 T_2 之和。按经验公式计算：

$$T = T_1 + T_2 \approx 0.7(R_1 + 2R_2)C_T$$

9.2.3 用 CC7555 构成的施密特触发器

施密特触发器有两个稳定的状态，不仅这两个稳定状态的转换需要外加触发信号，而且稳定状态的维持也依赖于外加触发信号，因此它是一种电平触发方式电路。施密特触发器最大的特点是：它可以将不规则变化的输入波形变换成良好的矩形波输出信号，而且抗干扰能力很强。

由 CC7555 定时器构成的施密特触发器电路如图 9-4（a）所示。图中，将阈值输入端 TH 和触发输入端 $\overline{\text{TR}}$ 连接在一起作为电路的输入端。假设输入信号波形是三角波，下面分析它的工作过程。

（1）当输入电压 u_I 小于 $\frac{1}{3}V_{DD}$ 时，RS 触发器置 1，输出 u_O 为高电平，电路处于第一稳态。

（2）当输入电压 u_I 上升到 $\frac{2}{3}V_{DD}$ 时，RS 触发器置 0，输出 u_O 为低电平，电路处于第二稳态。

（3）当输入电压 u_I 从最大值下降到 $\frac{1}{3}V_{DD}$ 时，电路输出又为高电平，即回到了第一稳态。如此循环，可得到图 9-4（b）所示的波形。

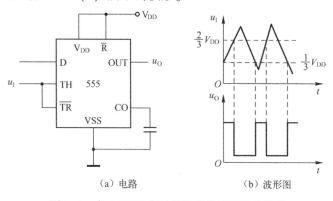

（a）电路　　　　　　　　　　（b）波形图

图 9-4　由 CC7555 定时器构成的施密特触发器

9.3　实验与实训

1. 实验目的

☺进一步熟悉 555 集成定时器的工作原理。

☺掌握用 555 集成定时器构成应用电路的方法。

2. 实验器材

序号	名　　称	规　　格	数量	备注
1	双踪示波器		1个	
2	信号发生器		1个	
3	数字万用表		1个	
4	555 集成定时器		1个	
5	电阻器	300Ω、1kΩ、2kΩ	各1个	
6	电位器	10kΩ	1个	
7	电容器	0.01μF、0.1μF、10μF	各1个	
8	发光二极管	LED	1个	
9	电子电工实验台		1个	

3. 实验内容及步骤

（1）在电子电工实验台上，按照图 9-5 所示搭建多谐振荡器实验电路，并将 10μF 电容器 C 接入电路中。

（2）电路检查无误后，接入+5V 电源，这时 555 集成定时器工作，LED 闪烁，调节 R_W 的值，用示波器观察并记录电路输出端的脉冲波形及频率。

（3）用 0.1μF 的电容器替换 10μF 的电容器 C，调节 R_W 的值，再用示波器观察并记录电路输出端的脉冲波形及频率。

（4）在电子电工实验台上，按照图 9-6 所示搭建施密特触发器实验电路。

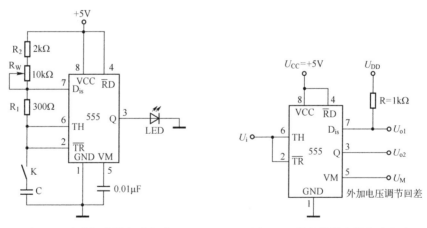

图 9-5　多谐振荡器实验电路　　　　图 9-6　施密特触发器实验电路

（5）电路检查无误后，接入+5V 电源，调整信号发生器使其输出三角波（幅值为 5V），用双踪示波器观察输入电压 U_i 和输出电压 U_o 的波形。

（6）调整信号发生器使其输出为正弦波，并调至一定的频率，用双踪示波器观察输入电压 U_i 和输出电压 U_o 的波形。

4. 实验结果分析

根据实验结果,进一步理解 555 集成定时器构成的多谐振荡器和施密特触发器的工作原理及应用。

【习题】

9.1 用 555 定时器可以构成哪些常用电路?

9.2 由 555 定时器组成的施密特触发器如图 9-7(a)所示,输入电压 u_I 的波形如图 9-7(b)所示,试绘制输出电压 u_O 的波形。

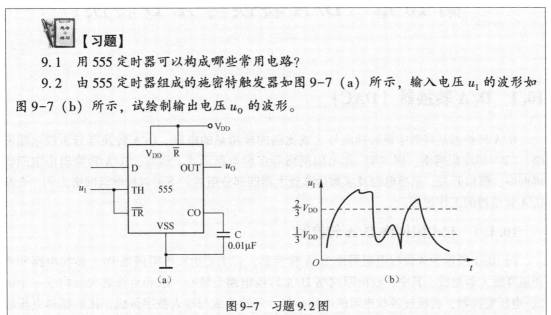

图 9-7 习题 9.2 图

第 10 章　D/A 转换与 A/D 转换

10.1　D/A 转换器（DAC)

D/A 转换器是将数字量转换成与之成比例的模拟量的电路。D/A 转换器分为权电阻网络、"T"形电阻网络、倒"T"形电阻网络等多种电路形式。通常，D/A 转换器由电阻译码网络、模拟开关、基准电源及求和运算放大器四部分组成。下面以权电阻网络为例，介绍 D/A 转换器的工作过程。

10.1.1　权电阻网络 D/A 转换器

图 10-1 所示为 4 位权电阻网络 D/A 转换器，它主要由权电阻网络 D/A 转换电路和求和运算放大器组成。其中，权电阻网络 D/A 转换电路是核心；求和运算放大器构成一个电流-电压变换器，将流过各权电阻的电流相加，并转换成与输入数字量成正比的模拟电压输出；$D_0 \sim D_3$ 是输入端，为数字量，转换后输出的模拟电压为

$$U_O = -\frac{U_{REF} \cdot R_F}{2^3 R}(2^3 D_3 + 2^2 D_2 + 2^1 D_1 + 2^0 D_0)$$

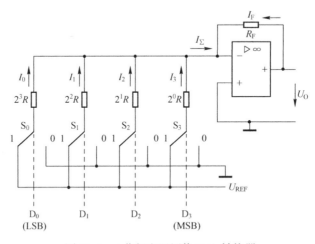

图 10-1　4 位权电阻网络 D/A 转换器

也可以利用权电阻网络对 n 位数字量进行转换。若输入数字量 $D_{n-1} \sim D_0$，此时对应输出模拟电压为

$$U_O = -\frac{U_{REF} \cdot R_F}{2^{n-1} R}(2^{n-1} D_{n-1} + 2^{n-2} D_{n-2} + \cdots + 2^1 D_1 + 2^0 D_0)$$

当 $R_F = R/2$ 时，有

$$u_O = -\frac{U_{REF}}{2^n}(2^{n-1}D_{n-1} + 2^{n-2}D_{n-2} + \cdots + 2^1 D_1 + 2^0 D_0)$$

10.1.2 D/A 转换器的主要参数

1. 分辨率

分辨率是指最小输出电压与最大输出电压之比。最小输出电压就是对应于输入数字量的最低位（LSB）为 1，其余各位为 0 时的输出电压，用 U_{LSB} 表示。最大输出电压就是对应于输入量的各位都是 1 时的输出电压，用 U_{FSR} 表示。所以，对应一个 n 位的 D/A 转换器，分辨率为

$$\text{分辨率} = \frac{U_{LSB}}{U_{FSR}} = \frac{1}{2^n - 1}$$

2. 转换精度

转换精度是指输出模拟电压的实际值和理论输出模拟电压的最大误差，主要是由参考电压偏离标准值、求和运算放大器的零点漂移、电阻值的误差、模拟开关的电压降等因素引起的。

3. 转换时间

转换时间是指 D/A 转换器在输入数字信号开始转换，到输出模拟电压达到稳定值所需要的时间。它是反映 D/A 转换器工作速度的指标。

10.2 A/D 转换器（ADC）

10.2.1 A/D 转换的一般步骤

A/D 转换一般需要经过 4 个步骤：采样、保持、量化和编码。

1. 采样-保持

采样是将在时间上连续变化的模拟量转换成在时间上断续变化的模拟量。为了能不失真地恢复原有的模拟信号，一般要求采样频率 $f_s \geq 2f_{imax}$（f_{imax} 为输入模拟信号频谱中的最高频率）。

由于采样时间很短，采样输出是一串断续的脉冲，量化电路来不及数字化，因此在两次采样之间，须将采样的模拟信号暂时保存起来，并保持到下一采样脉冲到来之前。这就要在采样后加上保持电路。图 10-2 所示的是实际的采样-保持电路。它是用频率为 f_s 的周期脉冲 u_s 控制场效应管 VT 栅极电位，场效应管 VT 导通期间输入信号储存在电容上；场效应管 VT 截止期间，电容上的电压保持截止前的数值。

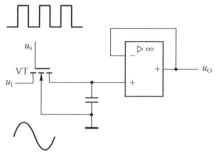

图 10-2　采样-保持电路

2. 量化-编码

模拟信号经采样-保持后，得到了连续模拟信号的样值脉冲，它们仍是模拟信号在给定时间上的瞬时值，而不是数字信号，还需要进一步把每个样值脉冲转换成与它的幅值成正比的数字量。具体转换过程是，将采样-保持电路输出的模拟信号的样值脉冲电压，用一个规定的量化单位去度量，最终模拟量可用这个量化单位的整数倍来表示。量化后的结果用代码表示，称之为编码。

10.2.2　A/D 转换器的工作原理

A/D 转换器有很多种类型，一般分为直接转换型和间接转换型。直接转换型又可分为：逐次逼近型 A/D 转换器、并行 A/D 转换器、计数型 A/D 转换器；间接转换型又可分为：单积分型 A/D 转换器、双积分型 A/D 转换器。下面以逐次逼近型 A/D 转换器为例来加以阐述。

逐次逼近型 A/D 转换器的原理如图 10-3 所示，它由 D/A 转换器、电压比较器、比较寄存器、控制逻辑电路及时钟发生器等组成。其转换原理是：控制逻辑电路使比较寄存器逐次产生已知数字量，并送入 D/A 转换器，产生对应的已知电压，该电压与输入模拟量进行比较，逐次逼近输入模拟量，转换结束后，比较寄存器保留了对应输入模拟量的数字量，并输出此数字量。

开始转换前，比较寄存器清零。转换由最高位开始，首先，转换信号使比较寄存器的最高位置 1，此时比较寄存器的状态为 $100\cdots00$，该状态使 D/A 转换器输出 $U_0' = \left(\dfrac{1}{2^1} \times 1\right) U_{\mathrm{REF}} = \dfrac{1}{2} U_{\mathrm{REF}}$，将 U_{I} 与 U_0' 进行比较：若 $U_{\mathrm{I}} \geqslant U_0'$，则保留比较寄存器最高位上的 1；若 $U_{\mathrm{I}} < U_0'$，则将比较寄存器的最高位置 0。

然后，转换信号使比较寄存器的次高位置 1，此时比较寄存器的状态为 $\times 10\cdots00$（即 $110\cdots00$ 或 $010\cdots00$），该状态使 D/A 转换器输出 $U_0' = \left(\dfrac{1}{2^1} \times 1 + \dfrac{1}{2^2} \times 1\right) U_{\mathrm{REF}} = \dfrac{3}{4} U_{\mathrm{REF}}$ 或 $U_0' = \left(\dfrac{1}{2^1} \times 0 + \dfrac{1}{2^2} \times 1\right) U_{\mathrm{REF}} = \dfrac{1}{4} U_{\mathrm{REF}}$，将 U_{I} 与 U_0' 进行比较：若 $U_{\mathrm{I}} \geqslant U_0'$，则保留比较寄存器次高位上的 1；若 $U_{\mathrm{I}} < U_0'$，则将比较寄存器的次高位置 0。

以此类推，最后转换信号使比较寄存器的最低位置 1，将 U_{I} 与 U_0' 进行比较：若 $U_{\mathrm{I}} \geqslant$

U'_0，则保留比较寄存器最低位上的 1；若 $U_I < U'_0$，则将比较寄存器的最低位置 0。

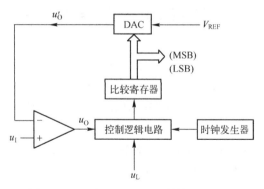

图 10-3　逐次逼近型 A/D 转换器的原理

10.2.3　A/D 转换器的主要参数

1. 分辨率

通常以输出数字量的位数区分分辨率的高低，位数越多，量化单位越小，对输入信号的分辨能力就越高。

2. 转换误差

转换误差是指 A/D 转换器输出的数字量与理想数字量的差别。通常以最低有效位的倍数来表示。

3. 转换速度

转换速度是指完成一次转换所需要的时间。

【想一想】

(1) 试简述用权电阻网络实现 D/A 转换器的工作原理。

(2) A/D 转换一般要经过哪 4 个步骤？

(3) D/A 转换器、A/D 转换器各有哪些主要参数？

【习题】

10.1　求 8 位 A/D 转换器的分辨率。若该 A/D 转换器的最大输出电压为 10V，它能分辨的最小电压是多少？

10.2　对于图 10-1 所示的权电阻网络 D/A 转换器，若 $U_{REF} = -8V$，$R_F = R/2$，试求：

(1) 当输入数字量 $D_3D_2D_1D_0 = 0001$ 时，输出电压的值；

(2) 当输入数字量 $D_3D_2D_1D_0 = 1000$ 时，输出电压的值；

(3) 当输入数字量 $D_3D_2D_1D_0 = 1111$ 时，输出电压的值。

反侵权盗版声明

电子工业出版社依法对本作品享有专有出版权。任何未经权利人书面许可，复制、销售或通过信息网络传播本作品的行为；歪曲、篡改、剽窃本作品的行为，均违反《中华人民共和国著作权法》，其行为人应承担相应的民事责任和行政责任，构成犯罪的，将被依法追究刑事责任。

为了维护市场秩序，保护权利人的合法权益，本社将依法查处和打击侵权盗版的单位和个人。欢迎社会各界人士积极举报侵权盗版行为，本社将奖励举报有功人员，并保证举报人的信息不被泄露。

举报电话：(010) 88254396；(010) 88258888

传　　真：(010) 88254397

E-mail：dbqq@phei.com.cn

通信地址：北京市海淀区万寿路 173 信箱

　　　　　电子工业出版社总编办公室

邮　　编：100036